生态环境保护与监测研究

翟丽芬　王瑞强　彭　聃　著

哈尔滨出版社
HARBIN PUBLISHING HOUSE

图书在版编目（CIP）数据

生态环境保护与监测研究 / 翟丽芬，王瑞强，彭聃
著 . -- 哈尔滨：哈尔滨出版社，2024.4
ISBN 978-7-5484-7902-4

Ⅰ．①生… Ⅱ．①翟… ②王… ③彭… Ⅲ．①生态环
境保护—研究②环境监测—研究 Ⅳ．① X171.4② X8

中国国家版本馆 CIP 数据核字 (2024) 第 091156 号

书　　名：生态环境保护与监测研究
　　　　　SHENGTAI HUANJING BAOHU YU JIANCE YANJIU

作　　者：翟丽芬　王瑞强　彭　聃　著
责任编辑：张艳鑫
封面设计：周书意

出版发行：哈尔滨出版社（Harbin Publishing House）
社　　址：哈尔滨市香坊区泰山路82-9 号　　邮编：150090
经　　销：全国新华书店
印　　刷：廊坊市海涛印刷有限公司
网　　址：www.hrbcbs.com
E-mail：hrbcbs@yeah.net
编辑版权热线：(0451)87900271　　87900272

开　　本：787mm × 1092mm　1/16　印张：6.75　字数：110 千字
版　　次：2024 年 4 月第 1 版
印　　次：2024 年 4 月第 1 次印刷
书　　号：ISBN 978-7-5484-7902-4
定　　价：48.00 元

凡购本社图书发现印装错误，请与本社印制部联系调换。
服务热线：（0451）87900279

前　　言

随着中国经济的不断发展，人们对各类生态系统开发利用的规模和强度越来越大，对自然生态系统造成了深远影响，甚至造成了不可逆转的破坏，阻碍了生态系统及社会经济的可持续发展。近年来，国家在生态保护方面的努力和投入逐年加大，取得了积极成效。与此同时，由于生态系统本身的复杂性、综合性、区域性特点，我们必须从生态系统管理的角度开展生态环境监测工作，研究生态环境的自然变化以及受到人为干扰后的变化规律，分析产生问题的自然事件或人为活动及过程，才能为区域生态环境保护和管理决策提供有力的技术支撑，有针对性地进行生态环境保护，不断提高生态文明水平。

环境监测是监视、准确测定自然环境质量的重要手段，主要涉及特定、监视性、研究性等方面的监测工作。在环境监测的指引下，人们可以及时了解环境质量及其污染程度，从而得出准确的环境变化数据，以便预测出未来环境污染的大致趋势和后果，并提出有效的环境保护措施。由此可见，在保护生态环境的过程中，环境监测起到了至关重要的作用。伴随着环境保护的持续增强和环境监测专业技术的快速更新，我们需要积极采取发展措施，以进一步做好环境监测，更好地保护大自然，改善环境质量，促进全社会的可持续发展。本书就是围绕环境监测与生态保护展开的分析。

在本书的写作过程中，我们得到了很多宝贵的建议，谨在此表示感谢。由于作者水平有限，时间仓促，书中难免会有疏漏不妥之处，恳请专家、同行批评指正。

目　　录

第一章　环境理论基础

第一节　环境的内涵与问题

一、环境的一般概念

"环境"一词在当代语境中极为常见，涉及社会环境、生活环境、学习环境、投资与经营环境、环境保护等多个领域。然而，根据不同的背景、人群、行业和学科，对于"环境"的理解和解释存在巨大差异。环境可以被视为一个特定的范围，也可以是几乎无限的空间或要素。

在宇宙的任何角落，事物的存在不仅占据空间，而且与周围的各种其他事物产生直接或间接的联系。因此，从广义来看，环境是相对于特定的研究对象——即"中心事物"而言的。这个环境包括中心事物所在的空间及其周围与之直接或间接相关的所有事物。这种定义包含几个关键点：

特定性：环境总是相对于某个中心事物而言。只有在该中心事物存在的情况下，我们才谈论其环境。

整体性：环境是一个整体概念，包括中心事物周围的外部空间、条件、状况等，其总和构成了中心事物的环境。单独的因素仅是环境中的一部分。

空间伸缩性：环境的大小可根据设定的研究空间范围而变化。

互设性：在宇宙中，每一个事物都可以被视为一个中心事物，从而拥有自己的环境。在这个环境中，它是主体。同时，这个事物也可能是其他中心事物环境的一部分，在这种情况下，它则成为客体。

哲学上，环境是相对于主体的客体。环境与其主体相互依存，随主体的变化而变化，是一个因时而异、可变的概念。明确主体，是正确理解和把握环境概念及其实质的关键前提。

二、人类环境

在环境科学和环境保护的领域，研究和保护的焦点是以人类为中心的环境，即对人类生存和繁衍至关重要的外部世界。这个环境既适应于人类的需求，也是人类活动的场所，因此被称作人类环境。

(一) 人类环境的含义

人类环境指的是影响人群生活和发展的周遭情况，包括直接或间接作用于人类的自然和社会因素。这不仅涵盖自然界的物质、现象和过程，如气候、生物等，还包括人类社会和经济的组成部分。因此，人类环境既融合了自然元素，也融合了社会与经济因素。

(二) 人类环境的组成

人类环境由自然环境和人工环境两大部分构成。

自然环境包括所有直接或间接影响人类的自然形成的元素，如地球的环境和外围空间环境，包含阳光、气候、水资源、土壤等以及自然界的稳定性因素。

人工环境则是由人类活动产生的环境要素，涉及人造物品、能量、精神产物，以及人际关系等社会结构。这包括科技发展、人造建筑、产品和能源，以及政治、社会行为和文化因素等。

(三) 人类环境的简要分类

从系统论角度出发，人类环境是由不同规模、复杂程度和等级的子系统构成的，形成一个具有层次结构的网络。这些子系统彼此交织、互相作用和转换。因此，根据人类环境的组成和结构关系，可以从多个角度对其进行分层和分类。在环境科学的研究及环境保护实践中，人们根据不同的标准，给环境以多样的名称和分类方法。其分类方式主要有：

1. 按环境的主体分

人类环境：以人为主体；

生态环境：以生物为主体。

2. 按环境的要素分

可分为自然环境与社会环境两大类。其中，自然环境包括大气环境、水体环境、土壤环境、海洋环境、地质环境、生态环境、流域环境等；社会环境包括聚居环境（如院落、村镇、城市）、生产环境（如厂矿、农场）、交通环境（如车站、港口）、文化环境（如学校、文化生态保护区、风景名胜区）等。

3. 按人类对环境的作用分

依是否作用可分为人工环境和天然环境；

依作用的性质或方式可分为生活环境、工业环境、农业环境、旅游环境等。

4. 按环境范围的大小分

由近及远可将其分为聚落环境、地理环境、地质环境、宇宙环境（星际环境）。其中，聚落环境又可进一步细分为居室环境、院落环境、村落环境、城市环境、区域环境等；地理环境是指位于地球的表层，围绕人类的自然地理环境和人文地理环境的统一体。

（四）环境的法律定义

在法律领域，对专门术语的明确解释是至关重要的。若立法中未对相关术语给出确切定义，人们可能会根据个人理解对法律进行解释和应用，导致对法律概念的理解存在歧义，进而影响法律的正确执行。环境的定义在环境法制定中是一个关键的技术问题，因为它直接关系到环境法的目标、适用范围和效力，并且反映了人们在特定时期对环境概念内涵与外延的认识。环境立法通常将环境界定为以人类为中心的生存环境。

世界各国在环境立法中对"环境"定义采用了三种基本方法。

1. 演绎法

这种方法通过对环境的定义进行扩充性和概括性解释，将环境视为一个综合体，包括所有相互联系并影响生态平衡、生活质量、人体健康、历史文化遗产以及自然景观和人类基因要素的因素。

2. 枚举法

采用枚举法的定义方式是在基本的环境法中列举出具体的环境要素，如大气、水、土地、矿藏、森林、草原、野生动植物、名胜古迹、风景区、温泉、疗养地、自然保护区和居住区等，而将具体范畴的进一步解释留给具体法律条文。

3. 综合法

这种方法结合了演绎法和枚举法的特点，既在法律中对环境进行概括性定义，又通过列举具体要素来界定环境。这样既保证了环境定义的全面性，也便于在具体法律实践中准确应用。

通过这些方法，环境法律定义旨在确保法律在应用时的准确性和有效性，同时反映出社会对环境保护认识的进步和深化。

三、环境要素与环境质量

(一) 环境要素的概念

环境要素，又称环境基质一，是构成人类生存环境整体的各个独立的、性质不同而又服从整体演化规律的基本物质组分。环境要素可分为自然环境要素和人工环境要素。其中，自然环境要素通常指水、大气、生物、阳光、岩石、土壤等。

环境要素组成环境结构单元，环境结构单元又组成环境整体或环境系统。例如，由水组成江、河、湖、海等水体，全部水体组成水圈；由大气组成大气层，整个大气层总称为大气圈；由生物体组成生物群落，全部生物群落构成生物圈等。

(二) 环境要素的基本属性

环境要素的基本属性具有关键的重要性。这些属性不仅构成了环境要素之间互动和联系的根本机制，也是理解、评估和改造环境的核心依据。以下是环境要素的基本属性的概述：

1. 最限制因子法则

针对环境质量，最限制因子法则强调整体环境质量不应由环境各要素的平均状态来决定，而是由那些与最佳状态相差最远的要素所限制。这类似于"木桶原理"，其中最短的木板决定了木桶的最大水量。因此，环境质量的优劣取决于处于最低状态的要素，而非其他良好状态的要素。为了改善环境质量，应对环境各要素的状态进行评估，并按照从差到好的顺序进行逐步改进，以实现最佳的平衡状态。

2. 等值性

所有环境要素，无论其规模或数量，只要是独立要素，对环境质量的限制作用没有质的区别。即使它们处于最差状态，各环境要素对环境质量的影响具有等值性。

3. 整体性大于部分之和

一个环境的特性不仅仅是其组成要素性质的简单累加，而是远比这些单个部分的总和更为丰富和复杂。环境要素间的相互作用产生的整体效应标志着从单个效应到整体效应的质的飞跃。因此，在研究环境时，不仅要考虑单个要素的作用，也要探讨整个环境的作用机制，综合分析整体效应的表现。

4. 相互联系和依赖

环境要素在地球的演化历史中逐渐出现，并形成了紧密的相互联系和依赖关系。从演化的角度来看，某些要素为其他要素的形成提供了必要条件。例如，岩石圈的形成为大气圈的产生创造了条件；岩石圈和大气圈的存在又促进了水圈的形成；而这三者共同促成了生物圈的发展，反过来，生物圈也会对岩石圈、大气圈和水圈产生影响。

（三）环境质量

环境质量通常描述了一个特定环境及其各个要素对人类生存、繁衍和社会经济发展的支持程度，这是基于人类具体需求对环境进行评估的一个概念。人们借助环境质量的高低来判断环境受到污染的程度。

环境质量的评价涉及对环境当前状况的描述，包括自然因素和人为因素两方面的影响，而人为因素，如废物排放、资源使用的合理性、人口规模和文化水平，往往被认为是更加关键的。环境质量既包括整体环境的综合质量，也涵盖了特定领域如大气、水体、土壤、城市、生产及文化环境的质量。这种质量是可变的，并且有潜力通过积极的干预得到改善。

为了准确反映环境质量，通常需要选取一系列环境指标进行量化评价，以便提供环境质量的客观表述。这种评价帮助人们理解环境的现状，以及为改善环境制定目标和策略。

四、环境的功能与特性

(一) 环境的特点

自古以来，人们习惯将环境视作一种无偿且可自由使用的公共资源，无须为其支付任何代价。然而，这种看法及其所导致的行为逐渐暴露出严重的缺陷。随着对自然环境的特性——作为共享资源或公共财产——有了更深入的认识，改变这一状况变得迫在眉睫。

1. 稀缺性

一些不可再生资源，如煤、石油、矿产等，正在逐渐枯竭。即便是可再生资源如空气和水，在遭受污染后，寻求清洁且无害的空气和淡水也不是易事。

2. 非独占性与非排他性

空气这样的资源，任何人都能享用，且在一定范围内，一个人的使用并不会减少另一人的可用性。

3. 外部性

经济活动与环境质量之间往往无法建立起合适且平衡的联系，主要是因为许多由污染引起的成本并不由污染者承担，这被称为"外部性"。因此，环境污染和生态破坏所引起的外部成本并未被计入产生这些影响的生产成本中。只有当污染者或其产品消费者承担这些成本时，社会经济活动所创造的福利才能在社会中公平分配。如果污染造成的总成本(包括资源损失、生态与公共健康损害)超出了污染者及消费者获得的利益，则这种生产活动是无效的，因为它并没有增加社会的总财富。

例如，公共牧场问题：牧场虽然是公用的，但牲畜属于个人，当牲畜数量超出草地承载力时，每个牧民还是倾向于增加自己牲畜的数量，因为增加牲畜带来的所有好处都属于个人，而过度放牧的成本却由其他牧民共同承担。这种个人行为最终给所有牧民带来了灾难，严重阻碍了畜牧业的发展和草原生态的保护。同样，一些排放污染的工厂直接将废水排放，以减少应由工厂承担的污染治理费用，把这些成本转嫁给了社会。

(二) 环境的功能

人们对环境的重要作用与价值有着逐渐深入的理解。到目前为止，已经普遍认识到自然环境至少具备四项关键功能。

1. 资源提供

从衣、食、住、行到生产所需的原料，如煤、石油、天然气、粮食等，皆来源于自然环境。自然环境不仅是人类进行生产活动的物质基础，也为各种生物提供生存的必要条件。

2. 废物消纳

由于经济与技术的限制，加之人们的有限认识，某些副产品未被再利用而转化为废弃物。环境通过物理、化学、生物等反应，接收、稀释和转换这些废物。特别是大气、水体和土壤中的微生物，能够将部分有机物分解成无机物，使之重新回到自然元素循环中。这一净化过程是自然环境独有的自净功能，若无此能力，地球早已被废弃物覆盖。

3. 美学与精神享受

自然环境不仅为经济活动提供物质资源，还能满足人们追求舒适生活的需求。清新的空气和清洁的水资源不仅是生产的必需，也是健康快乐生活的基础。世界各地的自然美景和人文景观，每日吸引无数游客。一个优美宜人的环境可以使人心情愉悦，精神放松，有助于提升身体健康和工作效率。随着经济的增长，人们对环境的舒适性需求也日益增高。

4. 生命支持系统

人类的生存离不开自然界的支持。成千上万种生物物种、它们的生态群落以及各种环境因素共同构成了支撑人类生存的系统。这一生命支持系统证明了人与自然的密切关系，强调了保护环境对于维持人类生活质量和生存的重要性。

(三) 自然资本

从国家的角度来看，自然环境的四大功能集合构成了国家的自然资本。在20世纪末，世界银行向全球推出了一套新的可持续发展衡量指标体系，并强调："在制定国家发展战略时，应以财富（wealth）而非单纯的收入

（income）作为起点。"此外，自然资本被认定为四大财富资本之一，这显著肯定了环境价值的重要性。

1. 衡量国家财富的四种资本

（1）产品资本（或人造资本）

涵盖使用的机械、工厂、道路、生产的产品及提供的服务等。过去，这些通常通过 GDP 来衡量，反映了转化为市场需求的能力。

（2）自然资本

包含水资源、耕地、草原、森林、自然保护区、非木质森林资源、金属、矿产资源以及石油、煤炭和天然气等。这代表了国家生存和发展的物质基础。

（3）人力资本（或人力资源）

指各种劳动力、知识和技能，以及对教育、卫生保健和营养的投资等。它反映了对生产力发展的潜在创新能力。

（4）社会资本

指一个社会的文化基础、社会关系和制度等能够发挥的作用。它体现了一个国家或地区的组织能力和社会稳定性。

2. 自然资本的价值

国内生产总值（GDP）只能反映产品资本，而可持续发展理论则尤其重视自然资本及人力资本的作用及其价值，强调自然资本是人类能否生存与永续发展的基础。过去传统的价值理论均未赋予自然资源以价值的概念，人们在使用自然资源过程中也从未考虑其成本，结果造成了自然资源的过度消耗、水源枯竭、空气恶化等。自然资源的使用价值与存在价值及其本身的有限性、稀缺性决定了它们确实是很有价值的。自然资本的价值如何衡量？现在，环境经济学已经发展了一系列方法用来估算这些价值（如生产价格法、成本法、净价法、间接定价法等）。

（四）环境系统的功能特性

环境被理解为一个整体或系统，它由众多复杂且多样的子系统组成。这些子系统及其组成部分之间发生相互作用，形成了特定的网络结构。正是这种网络结构赋予环境以整体功能，产生了集体效应，促进了协同作用。环境系统是一个动态的、开放的体系，特征在于其时间、空间、量和序的变化。系统内外不断发生物质和能量的变换与交换。一个系统的组成和结构越复杂，其稳定性就越强，维持平衡的能力就越强；反之，系统越简单，其稳定性就越弱，维持平衡的能力就越弱。环境系统内部的各个组成成分通过一种相互作用的机制联系起来，这种相互作用的复杂程度决定了系统调节能力的强弱。

在行使多种功能的过程中，环境系统展现出不可忽视的特性。

1. 整体性（系统性）

这是指环境各要素或部分之间，因其数量和空间位置的确切关系，通过特定的相互作用形成具有特定结构和功能的系统。环境的整体性反映在其结构和功能上，是环境的一项基本特性。正是由于环境的整体性，环境能够表现出其他特性，因为人类或其他生物的生存是多种因素共同作用的结果。不同环境因素的共同作用可能会产生非线性效应，因为这些因素之间可能存在加乘或相互抑制的作用。

整体性让我们认识到，人类与地球环境构成一个不可分割的整体。地球上的任何部分或任何系统都是人类环境的一部分，彼此之间存在着紧密的联系和相互制约关系。地区环境的污染或破坏，最终会对其他地区产生影响，对人类的生存环境造成威胁。因此，从全局的角度来看，环境保护是无视地区、省份和国界的。

2. 区域性

区域性强调环境特性的地域差异。这意味着由于地理位置或空间范围的不同，环境特征会展现出多样性。环境的区域性不仅揭示了地理位置上的变异性，还映射了经济、社会、文化和历史等方面的区域多样性。

3. 变动性

变动性指的是环境状态的动态性，这一特性是自然条件和人类社会活动共同作用的结果。环境内部结构和外部状态通过各要素之间的物质和能量流动以及相互作用的变化规律，在不同时间呈现出不同的面貌。这表明环境始终处于变化之中，其变动性是不可避免的。

4. 稳定性

尽管环境特征持续变化，但由于环境系统具有持续的物质、能量和信息流动，它能够展示出一定程度的自我调节能力，对抗人类活动带来的干扰

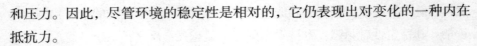

和压力。因此，尽管环境的稳定性是相对的，它仍表现出对变化的一种内在抵抗力。

5. 有限性

环境的有限性涉及其稳定性、资源以及对污染物质容纳和自净能力的限制。当人类活动产生的污染物超出环境的承载力或自净能力时，环境质量便会下降，导致环境污染。这强调了对环境资源和容量的可持续管理的重要性。

与环境对污染物质的容纳能力相关的几个重要概念如下：

环境本底值：指的是在未受到人类活动影响时，环境中化学元素、物质和能量分布的正常水平。这一概念也被称作环境背景值。

环境自净能力：环境具备一定能力，能够对进入其内部的污染物或污染因子进行迁移、扩散以及同化和异化作用。

环境自净作用：指环境通过物理、化学和生物作用，逐步清除其内部的污染物或污染因子，达到自然净化的目的。

环境容量：在不损害人类生存和自然环境的前提下，环境能够容纳的污染物质的最大量。环境容量受时间、空间、物质和能量分布及其组合的影响，显示出环境的可塑性和适应性。环境容量的变化展现了环境的动态性，并且可以作为资源进行合理开发。然而，确定环境容量的准确性是复杂的，因为它依赖于环境的组成、结构、污染物的数量及其物理和化学属性，以及特定环境的功能要求，需要大量研究和资源投入。未经科学依据而随意设定环境容量过高或过低均是不利的。

环境承载力：在一定的时间、范围和条件下，为了维持人与环境系统之间不发生质的变化，即保持人与环境的和谐，环境系统所能承受的人类活动的极限。环境承载力的衡量主要依据自然资源供给、社会支持条件及污染承受能力等指标，通过这些指标反映人与环境和谐的程度。

6. 不可逆性

在环境系统的运作中，存在两个核心过程：能量的流动和物质的循环。物质循环是一个可以逆转的过程，而能量流动则是不可逆的。依据热力学的原理，这意味着整个系统的运作是不可逆的。因此，当环境遭受破坏时，尽管利用物质循环的原理能够实现部分恢复，但完全回到原始状态是不可能的。

7. 隐显性

环境污染和破坏对人类社会的影响通常需要一段时间才能显现出来，有时这个过程可能相当长。

8. 灾害放大性

污染物进入环境后，会通过迁移和转化发生变化，进而与环境中的其他元素和物质（包括自然存在的物质、其他污染物、各类反应的中间产物等）发生化学、物理或物理化学作用。污染物的迁移指的是污染物在空间位置和范围上的改变，这种改变通常伴随着浓度的变化。迁移的方式主要包括物理迁移、化学迁移和生物迁移。物理迁移是指污染物通过机械运动在环境中移动，如随水流、气流移动和扩散，或在重力作用下沉降。化学迁移涉及污染物经过化学过程如溶解、离解、氧化还原、水解等过程的移动。生物迁移则是通过生物体的吸收、代谢、繁殖和死亡等生理过程发生的迁移。特别是，一些污染物如重金属元素和某些稳定的有机化合物，一旦被生物体吸收，便难以排出，导致这些物质在生物体内积累，使得其浓度远超过物理环境中的浓度，这种现象称为生物富集。在食物链中，高营养级的生物体中某些元素或难以分解的化合物的浓度，会高于低营养级生物体中的浓度，并且随着营养级的提高而增加，这种现象称为生物放大。

污染物的转化指的是污染物在环境中通过物理、化学或生物作用，改变其形态或转化为其他不同物质的过程。这一过程通常伴随着污染物的迁移。污染物转化的方式可以分为物理转化、化学转化和生物化学转化。物理转化涵盖了如相变、渗透、吸附和放射性衰变等现象。化学转化常见的有光化学反应、氧化还原反应、水解反应和络合反应。生物化学转化则是通过生物代谢反应进行。

污染物的迁移和转化不仅受到其自身物理化学属性的影响，还受到环境条件的制约，这影响了污染物的迁移速率、覆盖范围及转化的速度、产物和主导过程。这些复杂的迁移和转化过程使得污染物的影响范围和程度进一步扩大，导致其潜在危害性或灾难性在深度和广度上显著增加。

人类作为高度智能的生物，扮演着调整和影响环境的关键角色。我们探讨这些过程的目的在于强调人类对环境组成、结构及其功能和演变规律的正确理解和掌握的重要性，从而促进人口、经济、社会和环境的协调发展。

如果忽视环境的功能和特性，不遵守自然、经济和社会规律，环境质量将恶化，生态环境遭到破坏，自然资源将枯竭，最终人类将遭受自然界的严重后果。

五、环境问题的概念和分类

(一) 概念

环境问题指的是任何不利于人类生存和发展的环境结构和功能的变化。从广义上理解：由自然力或人力引起环境结构和功能的改变，最后直接或间接影响人类生存和发展的一切客观存在的问题，都是环境问题。从狭义上理解：是由于人类的生产和生活活动所引起的环境结构和功能的改变，反过来直接或间接影响人类生存和发展的客观存在的问题。

(二) 分类

第一环境问题：也称原生环境问题，是指由自然力引起的环境问题。

第二环境问题：也称次生环境问题，是指由人类活动引起的环境问题。

第三环境问题：也称社会环境问题，是指由发展不足所引起的环境问题。如住房紧张、交通拥挤、贫困等。

环境科学主要研究由人类活动所引起的次生环境问题，如各种环境污染、资源破坏、人类干扰所引发的生态系统失调等。

六、环境问题的基本类型

(一) 自然灾害

这类问题源于自然环境的变化，主要由自然力量驱动。当人类无法控制这些自然力量时，人类的生存和发展环境会遭受损害。这些问题通常被称为原生环境问题或第一环境问题，包括地震、海啸、洪水、干旱、滑坡、太阳黑子活动增多等现象。

（二）环境破坏（或称生态破坏）

环境破坏是指人类不当开发利用环境资源导致的生态退化和环境效应，进而改变环境的结构和功能，对人类的生存发展及环境自身产生不利影响。主要表现为水土流失、风蚀、土地退化（包括沙漠化、荒漠化、石漠化，土壤盐碱化、潜育化）、森林资源锐减、生物多样性减少、淡水资源紧缺、湖泊富营养化、地下水漏斗现象、地面下沉等。

（三）资源耗竭

自然资源是人类生存发展的物质基础和条件，同时也是实现可持续发展的关键。全球面临的资源匮乏主要体现在可利用土地资源紧缺、森林资源减少、淡水资源不足、生物多样性资源减少以及某些关键矿产资源（包括能源）接近枯竭等方面。

（四）环境污染

环境污染指由人为或自然因素导致有害物质或因子进入环境，在环境中扩散、迁移、转化，破坏环境系统的正常结构和功能，降低环境质量，对人类生存发展或环境系统本身产生不利影响的现象。在法律意义上，环境污染特指人类活动导致的物质或能量排放，其浓度或含量超出国家环境质量标准。由于社会、经济、技术等方面的差异，世界各国对环境质量标准的制订和使用各不相同，因此在评定环境污染程度时也存在差异。

1. 环境污染的分类

按照引起污染的途径可分为天然污染、人为污染。

按照污染因子的性质可分为化学污染、生物污染和物理污染。

按照被污染的环境要素可分为大气污染、水体污染、土壤污染、海洋污染、地下水污染等。

按照污染产生的原因可以分为工业污染、农业污染、交通污染、生活污染等。

按照污染物的形态可分为废气（气态）污染、废水（液态）污染、固体废弃物污染。

按照污染涉及的范围可分为局部污染、区域性污染、全球污染等。

按照引起污染的物质可分为砷污染、汞污染、镉污染、铬污染、多氯联苯污染、食品添加剂污染、氟污染、农药污染等。

2. 污染源

造成环境污染的污染物发生源称之为污染源。它通常指向环境排放有害物质或对环境产生有害物质的场所、设备和装置。或凡排放污染物的设备、设施或场所，即污染物的来源处，称为污染源。

污染源的分类：

按污染源能否移动分为固定污染源、流动污染源。

按污染源在社会生活中的用途分为工业污染源、农业污染源、生活污染源、交通运输污染源等。

按污染源引起的环境污染的种类分为大气污染源、水污染源、噪声污染源、固体废弃物污染源、热污染源、放射性污染源、病原体污染源等。

按排放污染物的空间分布方式分为点污染源（集中一个点或可当作一个点的排放方式，主要指城市和工业污染源）、面污染源（在一个较大面积范围排放污染物，常指农业上施用化肥、农药所造成的污染）。

按污染源引起污染的频率分为偶发性污染源、经常性污染源。

按污染源是否需要特别管制分为一般性污染源、特殊性污染源。

按污染源排放污染物质的量分为大污染源、中污染源、小污染源。

3. 污染物

凡是进入环境后能引起环境污染的物质或能量，均称为污染物。污染物的分类：

按来源分为自然污染物、人为污染物。

按被污染的环境要素分为大气污染物、水体污染物、土壤污染物等。

按污染物的性质分为物理性污染物、化学性污染物、生物性污染物。

按污染物的状态分为气态污染物、液态污染物、固态污染物。

按污染物的毒性分为无毒污染物、有毒污染物。

按污染物来源的部门或部门性质分为工业污染物、农业污染物、生活污染物等。

按是否是由排入环境中的污染物转化而来的分为一次污染物和二次污

染物。一次污染物：又称原发性污染物，即由污染源直接排入环境且排入环境后它的物理、化学性质没有发生变化的污染物。二次污染物：又称继发性污染物，是指那些并非由污染源直接排入环境，而是由排入环境中的污染物与环境中原有物质或者排入环境中的其他种污染物反应后形成的，其物理和化学性质同一次污染物不同的污染物。一般来说，二次污染物比一次污染物的成分更复杂，危害性更大。

（五）人口过快增长

在考虑人类对环境的影响时，人口因素显得尤为重要和基础，它是环境问题的主要根源。人口问题不仅是一个涉及多方面的复杂社会问题，也是人类生态学的基本议题。

我国拥有庞大的人口基数，尽管增长速度正在放缓，国土仍承受着极大压力。随着工业化和城镇化进程的加速，以及人民生活水平和消费能力的提升，这种压力预计会进一步加剧，尤其是在人均资源较少的背景下。我国面临的人口问题不仅关乎环境和资源，还包括诸多社会问题，如就业难、社会老龄化和养老问题、性别比失衡以及人口质量的问题等。

人口质量反映了一个国家或民族的精神面貌、文化素养、心理素质、道德水平和身体健康状况。在我国迈向现代化的过程中，提高人口质量是必须解决的关键瓶颈问题之一。因此，有效控制人口增长对加快我国的经济社会发展和环境保护具有至关重要的意义。

七、环境问题的性质与实质

（一）性质

1. 具有不可根除和不断发展的属性

它与人类的欲望、经济的发展、科技的进步同时产生，同时发展，呈现孪生关系。那种认为"随着科技进步，经济实力雄厚，人类环境问题就不存在了"的观点，显然是幼稚的想法。

2. 环境问题范围广泛而全面

它存在于人类生产、生活、政治、工业、农业、科技等全部领域中。

3. 环境问题对人类行为具有反馈作用

它使人类的生产方式、生活方式、思维方式等引起新变化。

4. 具有可控性

通过教育，提高人们的环境意识，充分发挥人的智慧和创造力，借助法律的、经济的和技术的手段，把环境问题控制在影响最小的范围内。认识这点很重要。若环境问题不可控的话，人类就谈不上环境管理、治理、修复等环保工作了。

(二) 实质

可从三个角度来探讨这个问题。

1. 从自然科学的角度来看

从自然科学角度看，环境问题的核心在于两个方面：首先，人类经济活动中对资源的需求速度超出了这些资源及其替代品自然再生的速度；其次，人类向环境排放的废弃物量超过了环境本身的自净能力。这种情况的出现，主要是由于环境的容量具有其天然的限制，而自然资源的补给、再生和增加都是需要时间的过程，一旦超出了自然界的极限，资源的恢复变得异常困难，有时甚至不可逆。

2. 从经济学角度看

从经济学的视角来看，环境问题在本质上也是一个经济问题。这一点基于三个考虑：首先，环境问题随着经济活动的进行而产生，作为经济活动的一个副产品；其次，环境问题导致人类遭受巨大的经济损失，并限制了经济的进一步发展；最后，环境问题的解决预期将随着经济的进一步发展而到来，因为经济发展提供了解决环境问题所需的物质基础，包括人力、物力和财力的投入。

3. 从社会学角度来看

从社会学角度看，环境问题同样是一个重大的社会问题。这是因为，环境问题不仅关乎人类的健康和生活质量，还影响到社会的稳定等方面。环境问题代表了社会、经济和环境之间的协调发展的挑战，同时也涉及资源的合理开发与利用。其实质是人类活动超过了环境的承受能力，引发的经济和社会问题，标志着人类在自觉建设文明进程中面临的挑战。

综上所述，深入理解环境问题的产生、发展及其特点、性质和本质，对于寻找解决方案至关重要。这些解决方案从根本上讲，包括控制人口增长、提高人口素质、增强环境意识、加强环境管理、促进经济发展以增加投入、推动科技进步，以及需要持续长期的努力。

第二节 环境保护的概念与对策

一、环境保护概述

（一）环境保护的概念

环境保护是指人类为解决现实的或潜在的环境问题，利用现代环境科学的理论与方法，协调人类与环境的关系，保障经济社会的可持续发展而采取的保护、改善和创建等各种行动的总称。其方法和手段有工程技术的、行政管理的，也有法律的、经济的、宣传教育的等。

依据《中华人民共和国环境保护法》，环境保护的任务主要集中在两个方面：一是保护自然环境，确保其不受污染和破坏；二是积极防治污染及其他公害。这要求我们利用现代环境科学的理论和方法，充分认识并掌握污染和环境破坏的根源及其带来的危害，在资源利用中寻求平衡，计划性地保护和恢复生态环境，防止环境质量恶化，控制环境污染，以促进人类与自然环境的和谐共生。

环境保护的实践是一个广泛而综合的领域，它不仅涵盖自然科学和社会科学的知识，也需要工程技术的支持；在实际操作中，它还涉及各行业和多个政府部门的协作。例如，在进行环境外交时，需要宏观经济决策部门、外交部门、环境保护行政主管部门、科研机构及专家学者的共同努力。由于人类社会在不同历史时期及不同地区面临的环境问题各不相同，因此，环境保护工作的目标、内容、任务和重点在不同的时期和地区也会有所区别。

（二）环境保护的主要内容

（1）防治由生产和生活活动引起的环境污染，这包括工业生产中的"三废"（废水、废气、废渣）处理、粉尘和放射性物质的管理、噪声、振动、恶臭和电磁辐射的控制，以及交通运输和海上船舶运输引起的有害气体、废液和噪声污染，还有农业生产、工业生产和日常生活中使用的有毒有害化学品，以及城镇生活产生的烟尘、污水和垃圾等问题。

（2）防止由建设和开发活动引起的环境破坏，这涉及大型水利工程、交通基础设施、工业项目等的环境影响，包括海上油田开发、沼泽地和海岸带开发以及森林和矿产资源的利用，新工业区和城镇的建设也需要考虑其对环境的潜在破坏。

（3）保护有特殊价值的自然环境，包括对珍稀物种及其生活环境、特殊的自然发展史遗迹、地质现象、地貌景观等提供有效的保护。

另外，城乡规划、控制水土流失和沙漠化、植树造林、控制人口的增长和分布、合理配置生产力等，也都属于环境保护的内容。

二、环境保护是我国的一项基本国策

（一）保护环境的基本国策

环境保护在当前全球范围内已经上升为各国政府和全体人民共同关注的行动及主要任务之一。在这一大背景下，我国也将环境保护升级为国家的基本国策，进而制定和实施了一系列环境保护相关的法律和法规，确保这一基本国策得到有效贯彻和执行。

所谓基本国策，它关乎国家的立国之本和治国策略，代表了那些对国家的经济社会发展以及人民的物质与文化生活水平有着全面、深远和决定性影响的重大战略决策。在我国，人口问题、经济发展问题及环境问题均属于这类具有重要性质的挑战。因此，实施计划生育政策、推动改革开放、保护环境等都是我国的基本国策。坚持这些基本国策，就可以很好地解决人口、发展、环境之间的相互关系。

将环境保护确立为基本国策，具有非常重要的意义。首先，遏制环境恶化趋势并持续改善环境质量，是实现我国持续发展战略的重要条件。其次，防止污染和保护生态平衡，对于保障我国农业的稳定发展具有基础性作用。此外，为现在的居民以及未来的后代创造一个健康、适宜的生存与发展环境，体现了我国社会主义建设的长远考量与基本方针，即在满足当前人们需求的同时，也不损害后代的利益，这种远近结合、统筹兼顾的策略，是我们社会主义建设过程中的重要指导原则。

（二）环境保护要与经济发展同步

在我国，经济建设长期以来都被视为发展的核心。在这一过程中，强调的是经济、社会和环境三者之间的协调发展，旨在提升经济发展的整体质量。

经济发展的过程是一个国家从贫困落后的状态走向经济和社会现代化的转变。这不仅仅是国民经济规模的扩大，更重要的是经济和社会生活质量的提升。因此，经济发展的内涵远超过简单的经济增长，它涵盖的范围更为广泛，是一个比增长更加复杂和丰富的概念。

在当今的经济学中，发展的概念是相当丰富和复杂的，经常与发达、工业化、现代化和增长等概念交替使用。一般而言，经济发展包含四个主要方面。首先是经济增长，即在一定时期内，一个地区产品和服务的实际产量实现的增加。这种增长本质上是社会再生产过程和社会财富增殖过程的规模扩大，通常以国内生产总值 (GDP) 为指标来衡量经济增长的水平和速度。其次是结构变迁，这涉及产业结构的变化，不仅包括产业本身，还包括分配结构、职业结构、技术结构和产品结构等各个层面的经济结构变化。其次是福利改善，指的是社会成员生活水平的提高。发达和欠发达地区之间存在的居民收入差异要求政府采取有效政策，确保欠发达地区在教育、医疗、文化、营养和公共事业等基本需求上得到满足。最后是环境与经济的可持续发展，强调经济发展不应以牺牲环境为代价。可持续发展要求各国或地区的发展不仅要考虑自身需求，也不应影响其他国家或地区的发展，以实现生态环境与经济社会的协调发展。

为了强化环境保护，我国坚定不移地实行环境保护为基本国策，积极推进环境保护领域的"三个转变"：从单纯强调经济增长转变到将环境保护与经济增长并重视；从环境保护滞后于经济发展转变为二者同步进步；从主要依赖行政手段保护环境转变为综合运用法律、经济、技术以及必要的行政手段解决环境问题。这些转变对于优化我国的经济发展起到了逐渐显著的作用。

(三) 环境保护需要全社会参与

环境保护的责任不仅落在政府肩上，还需要企事业单位、社会团体、其他组织和每一位公民的积极参与和实践。这是因为，环境保护不只是一个共同的愿望，它关系到每个人的切身利益。例如，对生活环境的保护不仅使环境更适宜人类的工作和生活，而且关乎人们衣、食、住、行、玩的方方面面，都要符合科学、卫生、健康、绿色的要求。这个层面属于微观的，既要依靠公民的自觉行动，又要依靠政府的政策法规作保证，依靠社区的组织教育来引导，要各行各业齐抓共管，才能解决。

环保不只是一句口号、一种观念，而应该是一种生活方式，付诸每个小小的行动，珍惜任何可再利用的资源，将环保真正落实于生活的每个角落。

三、我国当前的环境形势与主要对策

(一) 我国现阶段环境保护工作的基本原则

1. 科学发展，强化保护

坚持科学发展，加快转变经济发展方式，以资源环境承载力为基础，在保护中发展、在发展中保护，促进经济社会与资源环境协调发展。

2. 环保惠民，促进和谐

坚持以人为本，将喝上干净水、呼吸清洁空气、吃上放心食物等摆上更加突出的战略位置，切实解决关系民生的突出环境问题。逐步实现环境保护基本公共服务均等化，维护人民群众环境权益，促进社会和谐稳定。

3. 预防为主，防治结合

坚持从源头预防，把环境保护贯穿于规划、建设、生产、流通、消费各环节，提升可持续发展能力。提高治污设施建设和运行水平，加强生态保护与修复。

4. 全面推进，重点突破

坚持将解决全局性、普遍性环境问题与集中力量解决重点流域、区域、行业环境问题相结合，建立与我国国情相适应的环境保护战略体系、全面高效的污染防治体系、健全的环境质量评价体系、完善的环境保护法规政策和科技标准体系、完备的环境管理和执法监督体系、全民参与的社会行动体系。

5. 分类指导，分级管理

坚持因地制宜，在不同地区和行业实施有差别的环境政策。鼓励有条件的地区采取更加积极的环境保护措施。健全国家监察、地方监管、单位负责的环境监管体制，落实环境保护目标责任制。

6. 政府引导，协力推进

坚持政府引导，明确企业主体责任，加强部门协调配合。加强环境信息公开和舆论监督，动员全社会参与环境保护。探索以市场化手段推进环境保护。

（二）我国现阶段环境保护工作的主要对策

1. 进一步深化对环境保护重要性紧迫性的认识

我国的基本国情、所处的发展阶段和现实情况都清楚地显示出，发展经济改善民生的任务异常繁重，经济转型的紧迫性日益突显，而环境保护任务则是任重道远。保护环境事关当前与长远、国计与民生、和谐与稳定，对党和政府的形象和公信力具有极为重要的影响。因此，进一步深化对环境保护重要性紧迫性的认识，具有十分重大的意义。

首先，加强环境保护不仅是加快转变经济发展方式的紧迫任务，也是至关重要的。针对这一情况，我们必须高度警醒，加快转变经济发展方式，切实改变资源消耗大、环境污染重的增长模式，推动经济增长向主要依靠科技进步、劳动者素质提高和管理创新转变。加强环境保护不仅是一种内在要求，也是一种重要的推动力量，对稳定经济增长至关重要。从资源环境的角度看，这有助于突破瓶颈制约，增强可持续发展能力；从结构调整的角度看，这有利于产业优化和技术升级，创造新的竞争优势；从发展空间的角度看，这有助于扩大市场需求，形成新的增长动力。因此，经济发展方式转变是否见到实效，关键在于发展的资源代价是否降低、环境质量是否改善，生态环保力度的大小，以及节能环保产业是否得到壮大等方面。

其次，加强环境保护是促进生态文明建设的基本途径。党中央明确提出，要全面推进社会主义经济建设、政治建设、文化建设、社会建设及生态文明建设，将生态文明建设纳入中国特色社会主义事业的总体布局之中。环境保护是生态文明建设的重要领域。作为发展的基本要素，良好的生态环境是先进、可持续的生产力，也是一种珍贵的资源。拥有良好的自然环境意味着更有利的投资创业环境，有助于吸引优秀人才，引入先进生产要素，推动现代产业特别是科技产业和服务业的发展，调整和优化经济结构。随着时代的发展，生态文明的重要性越来越受到国际社会的广泛认可。一些发达国家在工业化过程中创造了巨大的物质财富，但也经历了先污染后治理、以环境牺牲换取经济增长的弯路，为此付出了沉重的代价。没有环境保护的繁荣只是推迟了灾难的发生；不注重环境保护，经济增长将会受到限制；而通过环境保护来优化发展，则能够实现经济的无限增长。加强生态环境保护并不意味着放弃对发展的追求，而是要在更高层次上实现人与自然、经济社会与资源环境的和谐。我们不仅要在工业化道路上不断前行，还要加强生态文明建设，因为这关系到中华民族长远发展的根本，贯穿于现代化建设的全过程。

再次，加强环境保护是人民群众的紧迫需求。随着经济的增长，人们对提升生活水平和质量有了更高的期望和要求。健康是事业的基石，也是个人和家庭生活的基础。对于群众来说，健康是不可或缺的，没有健康就谈不上提升生活水平和质量。对于国家而言，缺乏健康的人力资源，优势将难以发挥。人们的生存和发展都依赖于环境，环境状况直接影响着人们的健康状况，因此，优质的环境越来越受到城乡居民的广泛追求。我们必须坚持以人为本的理念，认真倾听人民群众的迫切需求，切实加强环境保护。此外，我们也必须认识到，基本的环境质量和不危害人民健康的环境质量是公共产品，是政府应当提供的基本公共服务。只有坚持党的宗旨，即立党为公、执政为民，才能加大环境保护力度，改善环境质量，增进人民群众的福祉，保护他们赖以生存的家园。

最后，加强环境保护已成为参与国际竞争与合作的必然要求。环境问题涉及经济、政治、社会、文化、科技等多个层面，是一个复杂的体系。当前，世界各国的竞争已从传统的经济、技术、军事等领域延伸至环境领域。在世界经济复杂多变的背景下，各种贸易保护主义呈现明显上升趋势。一些西方国家对进口产品提出"碳关税""碳足迹"等要求。我国经济已深度融入世界经济，对外依存度高。如果不加强应对和适应，不大力发展绿色经济，对外贸易可能受阻，国际发展空间可能受到挤压。如今，气候变化、生物多样性等全球性问题已成为国际社会关注的焦点和新的博弈点。我们应抓住应对全球气候变化的机遇，将挑战转化为机遇，加速经济发展方式转变，提升我国可持续发展能力。同时，在世界科技和产业调整变革中，绿色经济、低碳技术扮演着日益重要的角色，成为抢占未来发展制高点的新平台。从增强综合竞争力、维护国家利益、保障能源资源安全、承担国际责任等角度考虑，我们都需要切实做好节约资源和保护环境的工作。

2. 坚持在发展中保护、在保护中发展

处理好发展经济与创新转型、节约环保的关系是我们面临的一个现实而紧迫的重大课题。环境保护是经济增长、结构调整、民生改善的汇聚点。我们必须坚持在发展中保护、在保护中发展，将环境保护作为稳增长、转方式的重要抓手，将解决损害群众健康的突出环境问题作为重中之重，将改革创新贯穿于环境保护的各领域、各环节，积极探索代价小、效益好、排放低、可持续的环境保护新道路，实现经济效益、社会效益、资源环境效益的多赢，促进经济长期平稳较快发展与社会和谐进步。

必须牢牢坚持将发展作为第一要务，这是解决一切问题的总钥匙，要用发展的方式解决前进中存在的问题。发展必须转型，要坚持以人为本，促进全面协调可持续发展，加强生态环保，实现科学发展。转型也是发展，是一种有促有控、调优调强的发展，通过推进环保，可以培育新的增长领域、提高发展的质量和效益。环境问题本质上是发展方式、经济结构和消费模式问题；要从根本上解决环境问题，必须在转变发展方式上下功夫，在调整经济结构上寻求突破，在改进消费模式上促进变革。在当前复杂严峻的国际经济形势下，必须有机结合稳增长与促转型，兼顾当前和长远，在转型中巩固当前增长势头、实现长期平稳较快发展。

坚持在发展中保护、在保护中发展，就是要紧密结合经济发展与节约环保，推动发展进入转型的轨道，将环境容量和资源承载力作为发展的基本前提，同时充分发挥环境保护对经济增长的优化和保障作用、对经济转型的促进作用，将节约环保融入经济社会发展的各个方面，加速构建资源节约、环境友好的国民经济体系。

3. 推进主要污染物减排

(1) 加大结构调整力度

加快淘汰落后产能，着力减少新增污染物排放量，大力推行清洁生产和发展循环经济。

(2) 着力削减化学需氧量和氨氮排放量

加大重点地区、行业水污染物减排力度，提升城镇污水处理水平，推动规模化畜禽养殖污染防治。

(3) 加大二氧化硫和氮氧化物减排力度

持续推进电力行业污染减排，加快其他行业脱硫脱硝步伐，开展机动车船氮氧化物控制。

4. 切实解决突出环境问题

(1) 改善水环境质量

严格保护饮用水水源地，深化重点流域水污染防治，抓好其他流域水污染防治，综合防控海洋环境污染和生态破坏，推进地下水污染防控。

(2) 实施多种大气污染物综合控制

深化颗粒物污染控制，加强挥发性有机污染物和有毒废气控制，推进城市大气污染防治，加强城乡声环境质量管理。

(3) 加强土壤环境保护

加强土壤环境保护制度建设，强化土壤环境监管，推进重点地区污染场地和土壤修复。

(4) 强化生态保护和监管

强化生态功能区保护和建设，提升自然保护区建设与监管水平，加强生物多样性保护，推进资源开发生态环境监管。

5. 加强重点领域环境风险防控

(1) 推进环境风险全过程管理

开展环境风险调查与评估，完善环境风险管理措施，建立环境事故处置和损害赔偿恢复机制。

(2) 加强核与辐射安全管理

提高核能与核技术利用安全水平，加强核与辐射安全监管，加强放射性污染防治。

（3）遏制重金属污染事件高发态势

加强重点行业和区域重金属污染防治，实施重金属污染源综合防治。

（4）推进固体废物安全处理处置

加强危险废物污染防治，加大工业固体废物污染防治力度，提高生活垃圾处理水平。

（5）健全化学品环境风险防控体系

严格化学品环境监管，加强化学品风险防控。

6. 完善环境保护基本公共服务体系

（1）推进环境保护基本公共服务均等化

制定国家环境功能区划，加大对优化开发和重点开发地区的环境治理力度，实施区域环境保护战略，推进区域环境保护基本公共服务均等化。

（2）提高农村环境保护工作水平

保障农村饮用水安全，提高农村生活污水和垃圾处理水平，提高农村种植、养殖业污染防治水平，改善重点区域农村环境质量。

（3）加强环境监管体系建设

完善污染减排统计、监测、考核体系，推进环境质量监测与评估考核体系建设，加强环境预警与应急体系建设，提高环境监管基本公共服务保障能力。

7. 实施重大环保工程

（1）主要污染物减排工程

包括城镇生活污水处理设施及配套管网、污泥处理处置、工业水污染防治、畜禽养殖污染防治等水污染物减排工程，电力行业脱硫脱硝、钢铁烧结机脱硫脱硝、其他非电力重点行业脱硫、水泥行业与工业锅炉脱硝等大气污染物减排工程。

（2）改善民生环境保障工程

包括重点流域水污染防治及水生态修复、地下水污染防治、重点区域大气污染联防联控、受污染场地和土壤污染治理与修复等工程。

（3）农村环保惠民工程

包括农村环境综合整治、农业面源污染防治等工程。

（4）生态环境保护工程

包括重点生态功能区和自然保护区建设、生物多样性保护等工程。

（5）重点领域环境风险防范工程

包括重金属污染防治、持久性有机污染物和危险化学品污染防治、危险废物和医疗废物无害化处置等工程。

（6）核与辐射安全保障工程

包括核安全与放射性污染防治法规标准体系建设、核与辐射安全监管技术研发基地建设以及辐射环境监测、执法能力建设、人才培养等工程。

（7）环境基础设施公共服务工程

包括城镇生活污染、危险废物处理处置设施建设，城乡饮用水水源地安全保障等工程。

（8）环境监管能力基础保障及人才队伍建设工程

包括环境监测、监察、预警、应急和评估能力建设，污染源在线自动监控设施建设与运行，人才、宣教、信息、科技和基础调查等工程建设，建立健全省市县三级环境监管体系。

8. 完善政策措施

（1）落实环境目标责任制

地方人民政府是规划实施的责任主体，要把规划目标、任务、措施和重点工程纳入本地区国民经济和社会发展总体规划，把规划执行情况作为地方政府领导干部综合考核评价的重要内容。制定生态文明建设指标体系，并纳入地方各级人民政府政绩考核。

（2）完善综合决策机制

完善政府负责、环保部门统一监督管理、有关部门协调配合、全社会共同参与的环境管理体系。把主要污染物总量控制要求、环境容量、环境功能区划和环境风险评估等作为区域和产业发展的决策依据。

（3）加强法规体系建设

加强对环境保护法、大气污染防治法、清洁生产促进法、环境影响评价法等法律的修订基础研究工作是至关重要的。我们需要研究拟订诸如污染物总量控制、饮用水水源保护、土壤环境保护、排污许可证管理、畜禽养殖污染防治、机动车污染防治、有毒有害化学品管理、核安全与放射性污染防治、环境污染损害赔偿等法律法规。我们还要统筹开展环境质量标准、污染物排放标准、核电标准、民用核安全设备标准、环境监测规范、环境基础标准的修订工作。此外，我们需要完善大气、水、海洋、土壤等环境质量标准，并加强污染物排放标准中常规污染物和有毒有害污染物排放控制要求，同时加强水污染物间接排放控制和企业周围环境质量监控要求。在推进环境风险源识别、环境风险评估和突发环境事件应急环境保护标准建设方面也要不懈努力。

（4）完善环境经济政策

落实燃煤电厂烟气脱硫电价政策，并着手研究制定脱硝电价政策，同时对污水处理、污泥无害化处理设施、非电力行业的脱硫脱硝和垃圾处理设施等企业实行政策优惠。针对非居民用水，逐步实行超额定量进加价制度，对高耗水行业实施差别水价政策。此外，我们需要研究并鼓励企业实施废水"零排放"政策，健全排污权有偿取得和使用制度，并促进排污权交易市场的发展。同时，推进环境税费改革，完善排污收费制度，全面贯彻污染者付费原则，逐步提高污水处理收费标准以满足设施稳定运行和污泥无害化处置的需求。在垃圾处理方面，我们需要改革征收方式，加大征收力度，并适度提高收费标准和财政补贴水平。另外，建立企业环境行为信用评价制度，加大对符合环保要求和信贷原则的企业和项目的信贷支持。同时，我们还需要建立银行绿色评级制度，推行政府绿色采购，逐步提高环保产品的比重，并研究推行环保服务的政府采购。此外，制订和完善环境保护综合名录，并探索建立国家生态补偿专项资金，研究制定实施生态补偿条例，建立流域、重点生态功能区等生态补偿机制，推动资源型企业可持续发展准备金制度的实施。

（5）加强科技支撑

加强环境科技基础研究和应用能力，巩固环境基准、标准制订的科学基础，完善环境调查评估、监测预警、风险防范等环境管理技术体系。推进国家环境保护重点实验室、工程技术中心、野外观测研究站等设施建设。积极推动水体污染控制与治理等国家科技重大专项，大力开展污染控制、生态保护和环境风险防范的高新技术、关键技术、共性技术研发。着力研发氮氧化物、重金属、持久性有机污染物、危险化学品等控制技术，以及适合我国国情的土壤修复、农业面源污染治理等技术。积极推进脱硫脱硝一体化、除磷脱氮一体化以及脱除重金属等综合控制技术的研发，并加强先进技术示范与推广。

(6) 发展环保产业

围绕重点工程需求，加强政策支持，积极推动以污水处理、垃圾处理、脱硫脱硝、土壤修复和环境监测为重点的装备制造业发展，同时致力于研发和示范一批新型环保材料、药剂和环境友好型产品。推动各行业、各企业共同参与循环利用联合体建设。实施环保设施运营资质许可制度，推进烟气脱硫脱硝、城镇污水垃圾处理、危险废物处理处置等污染设施的建设和运营的专业化、社会化、市场化进程，推行烟气脱硫设施的特许经营模式。同时，制定环保产业统计标准，研究制定提升工程投融资、设计和建设、设施运营和维护、技术咨询、清洁生产审核、产品认证和人才培训等环境服务业水平的政策措施。

(7) 加大投入力度

将环境保护纳入各级财政年度预算，并逐步增加投入。适时增加同级环境保护能力建设经费的安排。加大对中西部地区环境保护的支持力度。围绕推进环境基本公共服务的均等化和改善环境质量状况，完善一般性转移支付制度，增加对国家重点生态功能区、中西部地区和民族自治地方环境保护的转移支付力度。深化奖励机制，强化各级财政资金的引导作用，以奖促防、以奖促治、以奖代补等政策。推进环境金融产品创新，完善市场化融资机制，探索排污权抵押融资模式，推动建立财政投入与银行贷款、社会资金的组合使用模式。

(8) 严格执法监管

加强环境监察体制机制的完善，明确执法责任和程序，以提高执法效率为目标。建立跨行政区环境执法合作机制和部门联动执法机制。深入开展整治违法排污企业，以保障群众健康为重点的环保专项行动，改进对环境违法行为的处罚方式，加大执法力度。持续开展环境安全监察，以消除环境安全隐患为目标。强化对产业转移环境监管的承接。深化流域、区域、行业限批和挂牌督办等督查制度。开展环境法律法规的执行情况和环境问题整改情况后续督察，健全重大环境事件和污染事故责任追究制度。

（9）发挥地方人民政府积极性

进一步加强环境保护激励措施，充分发挥地方人民政府预防和治理环境污染的积极性。进一步完善领导干部政绩综合评价体系，引导各级地方政府将环境保护置于工作全局的突出位置，及时研究解决本地区环境保护的重大问题。

（10）部门协同推进环境保护

各部门要加强生态环境保护工作的指导、协调、监督和综合管理。发展改革、财政等部门要制定有利于环境保护的财税、产业、价格和投资政策。科技部门要加强对控制污染物排放、改善环境质量等关键技术的研发与示范支持。工业部门要加大企业技术改造力度，严格行业准入，完善落后产能退出机制，加强工业污染防治。国土资源部门要控制生态用地的开发，加强矿产资源开发的环境治理恢复，保障环境保护重点工程建设用地。住房城乡建设部门要加强城乡污水、垃圾处理设施的建设和运营管理。交通运输、铁道等部门要加强公路、铁路、港口、航道建设与运输中的生态环境保护。水利部门要优化水资源利用和调配，统筹协调生活、生产经营和生态环境用水，严格入河排污口管理，加强水资源管理和保护，强化水土流失治理。农业部门要加强对科学施用肥料、农药的指导和引导，加强畜禽养殖污染防治、农业节水、农业物种资源、水生生物资源、渔业水域和草地生态保护，加强外来物种管理。商务部门要严格宾馆、饭店的污染控制，推动开展绿色贸易，应对贸易环境壁垒。卫生部门要积极推进环境与健康相关工作，加大重金属诊疗系统建设力度。海关部门要加强废物进出境监管，加大对走私废物等危害环境安全行为的查处力度，阻断危险废物的非法跨境转移。林业部门要加强林业生态建设力度。旅游部门要合理开发旅游资源，加强旅游区的环境保护。能源部门要合理调控能源消费总量，实施能源结构战略调整，提高能源利用效率。气象部门要加强大气污染防治和水环境综合治理气象监测预警服务以及核安全与放射性污染气象应急响应服务。海洋部门要加强海洋生态保护，推进海洋保护区建设，强化对海洋工程、海洋倾废等的环境监管。

（11）积极引导全民参与

实施全民环境教育行动计划，积极动员全社会参与环境保护。推进绿色创建活动，提倡绿色生产和生活方式。完善新闻发布和重大环境信息披露制度，推进城镇环境质量、重点污染源、重点城市饮用水水质、企业环境和核电厂安全信息的公开，建立涉及有毒有害物质排放企业的环境信息强制披露制度。引导企业进一步增强社会责任感。建立健全环境保护举报制度，畅通环境信访、"12369"环保热线、网络邮箱等投诉渠道，鼓励实行有奖举报，同时支持环境公益诉讼。

(12) 加强国际环境合作

加强与其他国家和国际组织的环境合作，积极引进国外先进的环境保护理念、管理模式、污染治理技术和资金，并宣传我国环境保护政策和进展。推动国际环境公约、核安全和放射性废物管理等公约的履约工作，完善国内协调机制，增加中央财政对履约工作的投入，探索国际资源与其他渠道资金相结合的履约资金保障机制。积极参与环境与贸易相关谈判和规则的制定，加强环境与贸易的协调，维护我国环境权益。研究调整"高污染、高环境风险"产品的进出口关税政策，限制高耗能、高排放产品的出口。全面加强进出口贸易环境监管，禁止不符合环境保护标准的产品、技术、设施等引进，积极推动绿色贸易的发展。

第二章　水环境保护的要求与措施

第一节　基本要求

在水资源的保护过程中应遵循以下基本要求：

一、开发利用与保护并重

水资源的开发利用与保护并重是一个重要的原则，这一原则基于水资源的经济属性和其对人类及生态系统的重要性。水资源是维持生命和生态平衡的基础，同时也是推动经济社会发展的关键资源。随着全球人口的增长和经济的发展，水资源的需求日益增加，如何在开发利用与保护之间找到平衡，成为一个亟待解决的问题。

（一）水资源的双重属性

水资源既是一种自然资源，也是一种经济资源。作为自然资源，它是生态系统中不可或缺的一部分，维持着地球上生物的生存和生态平衡。作为经济资源，水资源对农业、工业、生活等多个领域至关重要，是促进经济发展的基础。因此，水资源的合理开发与有效保护是支持可持续发展的关键。

（二）合理开发利用

合理开发利用水资源意味着在确保水资源可持续性的前提下，通过科学技术和管理措施，提高水资源的使用效率和生产力。这包括采用先进的水利技术，提高灌溉效率，开发清洁能源，如水电，以及实施水资源的循环利用和节约措施。

(三) 加强水资源保护

保护水资源不仅是为了维护生态平衡和保障饮用水安全，也是为了确保水资源的持续供给和质量。保护水资源包括防治水污染，保护水源地，恢复水生态系统，以及制定和执行严格的水资源管理政策。通过法律法规的制定和执行，加强对水资源的保护，确保其不受污染和破坏。

(四) 实践证明的重要性

历史和实践已经证明，忽视水资源保护而仅仅强调开发利用会导致水资源的枯竭和污染，影响生态平衡和人类的生存质量。许多地区由于过度开发和不合理利用水资源，面临严重的水危机，包括水质下降、水量减少和生态环境恶化等问题。

(五) 平衡开发与保护的策略

要实现水资源的可持续利用，必须采取一系列策略和措施，包括提升公众的水资源保护意识，加强跨部门和跨地区的水资源管理合作，利用科技创新提高水资源利用效率，以及加大对水资源法律法规的执行力度。通过这些措施，可以在保证经济社会发展的同时，保护和恢复水环境，实现水资源的可持续管理。

二、维护水资源多功能性

水资源的多功能性是其宝贵特性之一，这使得水不仅仅是生命的源泉，也是经济和社会发展的重要推动力。维护水资源的多功能性意味着在开发利用水资源的过程中，需要兼顾其在灌溉、供水、工业生产、渔业、航运、发电等方面的功能，实现水资源的综合利用和保护。这一原则对于促进水资源的可持续管理和使用具有重要意义。

(一) 水资源的综合价值

水资源具有灌溉农田、供应生活用水、作为工业原料、提供水上交通、支持渔业生产以及作为发电能源等多重功能。这些功能相互关联、相互影响，共同体现了水资源的综合价值。因此，维护水资源的多功能性要求我们全面认识和评估水资源的价值，以及其对经济社会发展的贡献。

（二）充分发挥水资源的使用价值

从经济学角度出发，维护水资源多功能性的目标之一是最大化水资源的总体效益。这要求合理规划和优化水资源的开发利用结构，确保在满足一个功能需求的同时，不损害其他功能的实现。例如，在开发水电资源时，应考虑到水库的灌溉供水功能，以及对下游生态环境的影响。

（三）平衡开发与保护的关系

在利用水资源的某一功能时，必须兼顾并保护其其他功能。这意味着在规划和实施水资源开发项目时，应进行全面的环境影响评估，采取有效措施，减少对水资源其他功能的负面影响。例如，通过构建生态调度规程，确保水电站发电的同时，也能满足河流生态流量的需要。

（四）确定开发利用的顺序和优先保护对象

在多功能性原则的指导下，确定水资源开发利用的顺序和优先保护对象成为可能。这要求政策制定者、规划者和管理者基于水资源的综合价值和社会经济需求，科学地安排水资源的开发顺序，优先保护对生态环境和社会经济最为重要的功能。

（五）实现水资源的可持续管理

维护水资源多功能性是实现水资源可持续管理的关键。这要求建立和完善水资源管理制度，推进水资源的节约和高效利用，加强水环境保护，以及促进水资源的合理分配和利用，保障社会经济的持续健康发展。

三、流域管理与行政区域管理相结合

这是由水的流动性和我国以行政区划管理为主的体制现状决定的。一方面，水的流动性决定了水以流域为单元进行汇集、排泄。整个流域水资源是一个完整的系统，这就从客观上需要对水资源实行流域层次上的统一管理和保护，不仅在水量上，而且应在流域内统筹安排和合理分配，同时在水质方面，排污应充分考虑对下游的影响，支流保护目标应符合干流的需要。另一方面，我国目前实行的是以行政区域为主的管理体制，对水资源的开发利用是地方部门的合理需要，但现存体制不可避免地造成地方政府过分强调本地的需要，而忽略了流域整体上的需要及流域其他地方的需要，造成水资源的分割利用；另一个原因是一个地方一般只对本行政区的水资源熟悉，从而容易导致资源开发利用的随意性。水资源保护的理论与实践都需要流域管理，但流域管理也需要地方部门来组织实施。因此，流域管理与区域管理相结合是构建水资源保护管理体制的根本原则。

四、水资源保护措施要经济

水资源作为一种重要的公共资源，其保护不仅关乎社会经济的可持续发展，还关乎生态环境的健康和人类生活的质量。因此，实施水资源保护措施时，遵循经济性原则至关重要。这一原则主张通过经济手段激励各方主体积极参与水资源保护，明确"谁开发，谁保护""谁利用，谁补偿"及"污染者付费"的责任划分，以实现水资源保护工作的公平性和效率性。

(一) 明确责任和义务

"谁开发，谁保护"的原则要求开发者在开发水资源的同时，承担起相应的保护责任。这不仅包括开发过程中的水资源保护，还包括对开发活动可能造成的负面影响进行补救和恢复。例如，建设水电站的企业不仅要负责水电站的安全运行，还需要负责上下游生态的保护和修复。

(二) 实行补偿机制

"谁利用，谁补偿"的原则强调水资源的使用者应对其利用行为可能带来的资源枯竭或生态破坏承担补偿责任。这种补偿可以是经济补偿，也可以是通过实施水资源保护项目或其他环境恢复措施来实现。这一机制旨在通过经济手段调节水资源的使用行为，鼓励合理、节约的水资源利用。

（三）污染者付费原则

"污染者付费"的原则是指造成水资源污染的个人或企业必须承担清理污染和修复环境的费用。这一原则不仅有助于分摊水资源保护的经济负担，还能有效地阻止污染行为的发生，因为污染者需要为其行为的后果买单。

（四）经济激励和惩罚机制

为了有效实施上述原则，需要建立健全经济激励和惩罚机制。这包括但不限于对水资源的合理利用给予奖励、对超额利用或浪费水资源的行为进行经济罚款、对污染行为施以严格的经济处罚等。这些机制可以通过税收、补贴、贸易许可证等多种经济手段来实现。

（五）公众参与和社会监督

经济性原则的实施还需要公众的广泛参与和有效的社会监督。通过教育和宣传提高公众对水资源保护的认识，鼓励公众参与水资源保护活动，并通过法律法规确立公众举报污染行为的权利和渠道，使得水资源保护成为全社会共同的责任和行动。

五、取、用、排水全过程管理

水资源的管理是一个复杂而全面的过程，它不仅涉及水的取用，还包括水的使用和排放。这三个环节相互依存、相互影响，共同构成了水资源管理的完整过程。为了有效保护水资源并促进其可持续使用，需要对这一整体过程进行科学、系统的管理。

（一）取水管理

取水是水资源利用的第一步，直接关系到水资源的可持续性。合理的取水管理应考虑到水资源的自然再生能力和社会经济需求的平衡。需要评估水源的可持续性，确保取水量不会超过其自然补给量。同时，通过技术创新和管理措施，提高取水效率，减少水源的浪费和破坏。

（二）用水管理

用水管理涉及水资源的分配和使用效率。通过合理规划和调配，确保优先满足生活饮用水和生态需水，其次是农业、工业和其他用水需求。推广节水技术和方法，如循环用水、雨水收集和利用等，提高用水效率，减少不必要的水资源消耗。

（三）排水管理

排水管理是水资源管理的重要组成部分，直接影响到水体的健康和水环境的质量。加强污水处理和回收利用，减少污染物排放，保护水体免受污染。同时，对工农业排水进行严格监控和管理，确保排放标准的达标，防止水体污染和生态破坏。

为了实现取、用、排水全过程的有效管理，建议成立专门的水资源管理部门。这个部门不仅负责制定和实施水资源管理政策，还需要负责监测、评估和报告水资源的使用状况，确保各项措施得到有效执行。此外，这一部门还应加强对公众和企业的水资源保护意识教育，促进全社会共同参与到水资源的保护和管理中来。

从长远来看，取、用、排水全过程管理是确保水资源可持续利用和保护水环境的重要措施。通过实施科学的管理和技术措施，可以有效地解决水资源短缺、水污染和生态破坏等问题，为社会经济的可持续发展提供坚实的水资源保障。因此，加强水资源的全过程管理，不仅是水资源保护的需要，也是实现绿色发展、构建和谐社会的必要条件。

第二节　水功能区划

一、水功能区划的目的

水功能区是指为满足水资源合理开发、利用、节约和保护的需求，根据水资源的自然条件和开发利用现状，按照流域综合规划、水资源与水生态系统保护和经济社会发展要求，依其主导功能划定范围并执行相应的水环境质量标准的水域。

　　根据我国水资源的自然条件和属性，按照流域综合规划、水资源保护规划及经济社会发展要求，协调水资源开发利用和保护、整体和局部的关系，合理划分水功能区，突出主体功能，实现分类指导，是水资源开发利用与保护、水环境综合治理和水污染防治等工作的重要基础。通过划分水功能区，从严核定水域纳污容量，提出限制排污总量意见，可为建立水功能区限制纳污制度，确立水功能区限制纳污红线提供重要支撑，有利于合理制定水资源开发利用与保护政策，调控开发强度、优化空间布局，有利于引导经济布局与水资源和水环境承载能力相适应，有利于统筹河流上下游、左右岸、省界间水资源开发利用和保护。

二、水功能区划指导思想与原则

(一) 指导思想

　　以水资源承载能力与水环境承载能力为基础，以合理开发和有效保护水资源为核心，以改善水资源质量、遏制水生态系统恶化为目标，按照流域综合规划、水资源保护规划及经济社会发展要求，从我国水资源开发利用现状、水生态系统保护状况以及未来发展需要出发，科学合理地划定水功能区，实行最严格的水资源管理，建立水功能区限制纳污制度，促进经济社会和水资源保护的协调发展，以水资源的可持续利用支撑经济社会的可持续发展。

(二) 区划原则

　　①坚持可持续发展的原则。区划以促进经济社会与水资源、水生态系统的协调发展为目的，与水资源综合规划、流域综合规划、国家主体功能区规划、经济社会发展规划相结合，坚持可持续发展原则，根据水资源和水环境承载能力及水生态系统保护要求，确定水域主体功能；对未来经济社会发展有所前瞻和预见，为未来发展留有余地，保障当代和后代赖以生存的水资源。

　　②统筹兼顾和突出重点相结合的原则。区划以流域为单元，统筹兼顾

上下游、左右岸、近远期水资源及水生态保护目标与经济社会发展需求，区划体系和区划指标既考虑普遍性，又兼顾不同水资源区特点。对城镇集中饮用水源和具有特殊保护要求的水域，划为保护区或饮用水源区并提出重点保护要求，保障饮用水安全。

③水质、水量、水生态并重的原则。区划充分考虑各水资源分区的水资源开发利用和社会经济发展状况，水污染及水环境、水生态等现状，以及经济社会发展对水资源的水质、水量、水生态保护的需求。部分仅对水量有需求的功能，如航运、水力发电等不单独划水功能区。

④尊重水域自然属性的原则。区划尊重水域自然属性，充分考虑水域原有的基本特点、所在区域自然环境、水资源及水生态的基本特点。对于特定水域如东北、西北地区，在执行区划水质目标时还要考虑河湖水域天然背景值偏高的影响。

三、水功能区划分体系

水功能区划为两级体系，即一级区划和二级区划。

一级水功能区分四类，即保护区、保留区、开发利用区、缓冲区。二级水功能区将一级水功能区中的"开发利用区"具体划分为饮用水源区、工业用水区、农业用水区、渔业用水区、景观娱乐用水区、过渡区、排污控制区七类。

一级区划在宏观上调整水资源开发利用与保护的关系，协调地区间关系，同时考虑持续发展的需求；二级区划主要确定水域功能类型及功能排序，协调不同用水行业间的关系。

(一) 水功能一级区划分类和划分指标

1. 保护区

这里所说的保护区是指对水资源保护、自然生态系统及珍稀濒危物种的保护具有重要意义，需划定范围进行保护的水域。

保护区应具备以下条件之一：重要的涉水国家级和省级自然保护区、国际重要湿地及重要国家级水产种植资源保护区范围内的水域或具有典型生态保护意义的自然生境内的水域；已建和拟建 (规划水平年内建设) 跨流域、跨区域的调水工程水源（包括线路）和国家重要水源地水域；重要河流源头河段一定范围内的水域。

①划区指标包括集水面积、水量、调水量、保护级别等。

②保护区水质标准原则上应符合《地表水环境质量标准》中的Ⅰ类或Ⅱ类水质标准。当由于自然、地质原因不满足Ⅰ类或Ⅱ类水质标准时，应维持现状水质。

2. 保留区

这里所说的保留区是指目前水资源开发利用程度不高，为今后水资源可持续利用而保留的水域。

保留区应具备以下条件：受人类活动影响较少，水资源开发利用程度较低的水域；目前不具备开发条件的水域；考虑可持续发展需要，为今后的发展保留的水域。

①划区指标包括产值、人口、用水量、水域水质等。

②保留区水质标准应不低于《地表水环境质量标准》中规定的ID类水质标准或按现状水质类别控制。

3. 开发利用区

这里所说的开发利用区是指为满足城镇生活、工农业生产、渔业、娱乐等功能需求而划定的水域。

①划区条件为取水口集中，有关指标达到一定规模和要求的水域。

②划区指标包括产值、人口、用水量、排污量、水域水质等。

③水质标准按照二级水功能区划相应类别的水质标准确定。

4. 缓冲区

这里所说的缓冲区是指为协调省际、用水矛盾突出的地区间用水关系而划定的水域。缓冲区应具备以下划区条件：跨省（自治区、直辖市）行政区域边界的水域；用水矛盾突出的地区之间的水域。

①划区指标包括省界断面水域、用水矛盾突出的水域范围、水质、水量状况等。

②水质标准根据实际需要执行相应水质标准或按现状水质控制。

(二) 水功能二级区划分类和划分指标

1. 饮用水源区

饮用水源区是指为城镇提供综合生活用水而划定的水域。饮用水源区应具备以下划区条件：现有城镇综合生活用水取水口分布较集中的水域，或在规划水平年内为城镇发展设置的综合生活供水水域；用水户的取水量符合取水许可管理的有关规定。

①划区指标包括相应的人口、取水总量、取水口分布等。

②水质标准应符合《地表水环境质量标准》中Ⅱ或Ⅲ类水质标准，经省级人民政府批准的饮用水源一级保护区执行Ⅱ类标准。

2. 工业用水区

工业用水区是指为满足工业用水需求而划定的水域。工业用水区应具备以下划区条件：现有工业用水取水口分布较集中的水域，或在规划水平年内需设置的工业用水供水水域；供水水量满足取水许可管理的有关规定。

①划区指标包括工业产值、取水总量、取水口分布等。

②水质标准应符合《地表水环境质量标准》中Ⅳ类水质标准。

3. 农业用水区

农业用水区是指为满足农业灌溉用水而划定的水域。农业用水区应具备以下划区条件：现有的农业灌溉用水取水口分布较集中的水域，或在规划水平年内需设置的农业灌溉用水供水水域；供水量满足取水许可管理的有关规定。

①区划指标包括灌区面积、取水总量、取水口分布等。

②水质标准应符合《地表水环境质量标准》中Ⅴ类水质标准，或按《农田灌溉水质标准》的规定确定。

4. 渔业用水区

渔业用水区是指为水生生物自然繁育以及水产养殖而划定的水域。渔业用水区应具备以下划区条件：天然的或天然水域中人工营造的水生生物养殖用水的水域；天然的水生生物的重要产卵场、索饵场、越冬场及主要洄游通道涉及的水域或为水生生物养护、生态修复所开展的增殖水域。

①划区指标包括主要水生生物物种、资源量以及水产养殖产量、产值等。

②水质标准应符合《渔业水质标准》的规定，也可按《地表水环境质量标准》中Ⅱ类或Ⅲ类水质标准确定。

5. 景观娱乐用水区

景观娱乐用水区是指以满足景观、疗养、度假和娱乐需要为目的的江河湖库等水域。景观娱乐用水区应具备以下划区条件：休闲、娱乐、度假所涉及的水域和水上运动场需要的水域；风景名胜区所涉及的水域。

①划区指标包括景观娱乐功能需求、水域规模等。

②水质标准应根据具体使用功能符合《地表水环境质量标准》中相应的水质标准。

6. 过渡区

过渡区是指为满足水质目标有较大差异的相邻水功能区间水质要求，而划定的过渡衔接水域。过渡区应具备以下划区条件：下游水质要求高于上游水质要求的相邻功能区之间的水域；有双向水流，且水质要求不同的相邻功能区之间的水域。

①划区指标包括水质与水量。

②水质标准应按出流断面水质达到相邻功能区的水质目标要求选择相应的控制标准。

7. 排污控制区

排污控制区是指生产、生活废污水排污口比较集中的水域，且所接纳的废污水不对下游水环境保护目标产生重大不利影响。排污控制区应具备以下划区条件：接纳废污水中污染物为可稀释降解的；水域稀释自净能力较强，其水文、生态特性适宜作为排污区。

①划区指标包括污染物类型、排污量、排污口分布等。

②水质标准应按其出流断面的水质状况达到相邻水功能区的水质控制标准确定。

第三节　水环境保护措施

随着经济社会的迅速发展，人口的不断增长和生活水平的大大提高，人类对水环境所造成的污染日趋严重，正在严重地威胁着人类的生存和可持续发展。为解决这一问题，必须做好水环境的保护工作。水环境保护是一项十分重要、迫切和复杂的工作。

一、水环境保护法律法规及管理体制建设

（一）水环境保护法律法规

立法是政策制定的依据，执法是政策落实的保障。随着我国法制化建设进程的稳步推进，水法律法规体系逐步完善，大大促进了水管理和政策水平的提高。伴随着法制建设的加强，水环境管理执法体系不断健全，有力地保障了各项水环境政策的落实。在水环境管理方面已经建立有专项法律法规、行政法规、部门规章以及地方法规和行政规章等。

（二）水环境保护管理体制建设

目前，我国已经初步建立符合我国国情的水环境管理体制，水环境管理归口环境保护部门，水利、建设、农业等部门各负其责，参与水环境管理，形成了"一龙主管、多龙参与"的管理体制。

县级以上地方人民政府环境保护行政主管部门，对本辖区的环境保护工作实施统一管理。国家海洋行政主管部门港务监督、渔政渔港监督、军队环境保护部门和各级公安、交通、铁道、民航管理部门，依照有关法律的规定对环境污染防治实施监督管理。县级以上人民政府的土地、矿产、林业、水行政主管部门，依照有关法律的规定对资源的保护实施监督管理。

国家对水资源实行流域管理与行政区域管理相结合的管理体制。国务院水行政主管部门负责全国水资源的统一管理和监督工作。国务院水行政主管部门在国家确定的重要江河、湖泊设立的流域管理机构，在所管辖的范围内行使法律、行政法规规定的和国务院水行政主管部门授予的水资源管理和监督职责。县级以上地方人民政府水行政主管部门按照规定的权限，负责本行政区域内水资源的统一管理和监督工作。

县级以上人民政府环境保护主管部门对水污染防治措施统一管理。交通主管部门的海事管理机构对船舶污染水域的防治实施监督管理。县级以

上人民政府水行政、国土资源、卫生、建设、农业、渔业等部门以及重要江河、湖泊的流域水资源保护机构，在各自的职责范围内，对有关水污染防治实施监督管理。

从中央层面来看，我国水环境管理职能主要集中在环境保护部与水利部，其他相关部门在各自的职责范围内配合环境保护部和水利部对水环境进行管理。环境保护部与水利部在水环境管理方面的职能交叉主要表现如下：

第一，环境保护部主管负责编制水环境保护规划、水污染防治规划，水利部门负责编制水资源保护规划。由于水资源具有不同于其他自然资源的整体性和系统性，因此这几类规划间不可避免地存在着重合。

第二，环境保护部和水利部各自拥有一套水环境监测系统，存在重复监测现象，而且由于采用的标准不一样，环境监测站和水文站的监测数据不一致，在协调跨地区水环境纠纷时，很难综合运用这些数据。由于部门之间职能交叉重叠，导致水环境管理效率低下，因此应加大部门间的协调沟通力度，进一步改革水环境管理体制。目前我国主要涉及水环境管理的部门如下：

环境保护部：组织制定水环境质量标准、水污染排放标准等水环境保护标准、基准和技术规范；组织拟定并监督实施重点区域、流域水污染防治规划和饮用水水源地环境保护规划；从源头上预防、控制水环境污染，受国务院委托对重大经济和技术政策、发展规划以及重大经济开发计划进行环境影响评价；制定水环境监测规范，统一发布国家水环境状况信息，会同国务院水行政等部门组织监测网络；组织实施排污申报登记与水污染物排污许可证、污染源限期治理及污染源达标排放制度，并监督检查；组织重点流域水污染防治执法检查活动；重大水污染事故调查、处理，协调解决有关跨区域水污染纠纷。

水利部：实施水资源统一管理，组织拟定全国和省际水量分配和调度方案；负责节约用水工作；负责水资源保护工作，组织编制水资源保护规划，组织拟订重要江河湖泊的水功能区划并监督实施，核定水域纳污能力，组织指导入河排污口设置管理工作，提出限制排污总体建议，指导饮用水水源保护工作，指导地下水开发利用和城市规划区地下水资源管理保护工作；负责水文水资源监测、国家水文站网建设和管理，对江河湖库和地下水的水量、水质实施监测，发布水文水资源信息、情报预报和国家水资源公报。

城乡建设部：指导城市节水、供水、污水处理等工作，根据城市总体规划，指导城市排水和污水处理专业规划，指导城镇污水处理设施和管网配套建设。

农业部：指导农业生产者科学、合理地施用化肥和农药，控制化肥和农药的过量使用，防止造成水污染；对农业灌溉利用工业废水和城市污水的水质、灌溉后的土壤以及农产品进行监测。

国家发展和改革委员会：制定排污费征收标准、制定污水处理费征收标准；水环境基础设施建设和投资管理。

二、水环境保护的经济措施

采取经济手段进行强制性调控是保护水环境的重要手段。目前，我国在水环境保护方面主要的经济手段是征收污水排污费，污染许可证可交易。

(一) 征收工程水费

新中国成立后，为支援农业，基本上实行无偿供水。这样使得用户认为水不值钱，没有节水观念和措施；大批已建成的水利工程缺乏必要的运行管理和维修费用；国家财政负担过重，影响水利事业的进一步发展。

(二) 征收水资源费

使用供水工程供应的水，应当按照规定向供水单位交纳水费；对城市中直接从地下取水的单位征收水资源费；其他直接从地下或江河、湖泊取水的单位和个人，由省、自治区、直辖市人民政府决定征收水资源费。这项费用，按照取之于水和用之于水的原则，纳入地方财政，作为开发利用水资源和水管理的专项资金。我国在20世纪80年代初期，开始对工矿企业的自备水资源征收水资源费。但仅收取水费和水资源费还是不够的，收取水资源费只限定于直接取用江河、湖泊和地下水，用途也不够全面。取用水资源的单位和个人都应当申请领取取水许可证，并缴纳水资源费；由县级以上人民政府水行政主管部门、财政部门和价格主管部门负责水资源费的征收、管理和监督；任何单位和个人都有节约和保护水资源的义务。对节约和保护水资源有突出贡献的单位和个人，由县级以上人民政府给予表彰和奖励；对水资源费如何征收及水资源费的使用管理进行了规定。

目前，我国征收的水资源费主要用于加强水资源宏观管理，如水资源的勘测、监测、评价规划以及为合理利用、保护水资源而开展的科学研究和采取的具体措施。

(三) 征收排污收费

1. 排污收费制度

排污收费制度是指同家以筹集治理污染资金为目的，按照污染物的种类、数量和浓度，依照法定的征收标准，对向环境排放污染物或超过法定排放标准排放污染物的排污者征收费用的制度，其目的是促进排污单位对污染源进行治理。

2. 排污费征收工作程序

(1) 排污申报登记

向水体排放污染物的排污者，必须按照国家规定向所在地环境保护部门申报登记所拥有的污染物排放设施，处理设施和正常作业条件下排放污染物的种类、数量、浓度、强度等与排污有关的各种情况，并填报《全国排放物污染物申报登记表》。

(2) 排污申报登记审核

环境保护行政主管部门 (环境监察机构) 在收到排污者的《排污申报登记表》或《排污变更中报登记表》后，应依据排污者的实际排污情况，按照国家强制核定的污染物排放数据、监督性监测数据、物料衡量数据或其他有关数据对排污者填报的《排放污染物申报登记报表》或《排污变更申报登记表》项目和内容进行审核。经审核符合要求的应于当年元月 15 日前向排污者寄回一份经审核同意的《排污申报登记表》；不符合规定的责令补报，不补报的视为拒报。

(3) 排污申报登记核定

环境监察机构根据审核合格的《排污中报登记表》，于每月或季末 10 日内，对排污者每月或每季的实际排污情况进行调查与核定。经核定符合要求的，应在每月或每季终了后 7 日内向排污者发出《排污核定通知书》。不符合要求的，要求排污者限期补报。

排污者对核定结果有异议的，应在接到《排污核定通知书》之日起 7 日内申请复核，环境监察机构应当自接到复核申请之日起 10 日作出复核决定，并将《排污核定复核决定通知书》送达排污者。

环境监察部门对拒报、谎报、漏报拒不改正的排污者，可根据实际排污情况，依法直接确认其核定结果，并向排污者发出《排污核定通知书》，排污者对《排污核定通知书》或《排污核定复核通知书》有异议的，应先缴费，而后依法提起复议或诉讼。

（4）排污收费计算

环境监察机构应依据排污收费的法律依据、标准，依据核定后的实际排污事实、依据（《排污核定通知书》或《排污核定复核通知书》），根据国家规定的排污收费计算方法，计算确定排污者应缴纳的废水、废气、噪声、固废等收费因素的排污费。

（5）排污费征收与缴纳

排污费经计算确定后，环境监察机构应向排污者送达《排污费缴纳通知单》。

排污者应当自接到《排污费缴纳通知单》之日起 7 日内，向环保部门缴纳排污费。对排污收费行政行为不服的，应在复议或诉讼期间提起复议或诉讼，对复议决定不服的还可对复议决定提起诉讼。当裁定或判决维持原收费行为决定的，排污者应当在法定期限内履行，在法定期限内未自动履行的，原排污收费作出行政机关应申请人民法院强制执行；当裁定或制决撤销或部分撤销原排污收费行政行为的，环境监察机构依法重新核定并计征排污费。

排污者在收到《排污费缴纳通知书》7 日内不提起复议或诉讼，又不履行的，环境监察机构可在排污者收到《排污费缴纳通知书》之日起 7 日后，责令排污者限期缴纳；经限期缴纳拒不履行的，环境监察机构应依法按不按规定缴纳排污费处以罚款，并从滞纳之日起（第 8 天起）每天加收罚款总额的 2% 滞纳金。

排污者对排污收费或处罚决定不服，在法定期限内未提起复议或诉讼，又不履行的，环境监察机构在诉讼期满后的 180 天内可直接申请法院强制执行。

3. 污染许可证可交易

（1）排污许可制度

排污许可制度是指向环境排放污染物的企事业单位，必须首先向环境保护行政主管部门，申请领取排污许可证，经审查批准发证后，方可按照许可证上规定的条件排放污染物的环境法律制度。

但是，排污许可制度在经济效益上存在很多缺陷：许可排污量是根据区域环境目标可达性确定的，只有在偶然的情况下，才可出现许可排污水平正好位于最优产量上，通常是缺乏经济效益的；只有当所有排污者的边际控制成本相等时，总的污染控制成本才达到最小，即使对各企业所确定的许可排污量都位于最优排污水平，由于各企业控制成本不同，难以符合污染控制总成本最小的原则。排污许可证制是针对现有排污企业进行许可排污总量的确定，对将来新建、扩建、改建项目污染源的排污指标分配没有设立系统的调整机制，对污染源排污许可量的频繁调整不仅增加了工作量和行政费用，而且容易使企业对政策丧失信心。这些都可能导致排污许可证制度在达到环境目标上的低效率。

（2）污染许可证可交易

可交易的排污许可证制避免了以上两种污染控制制度的弊端。所谓可交易的排污许可证制，是对指令控制手段下的排污许可证制的市场化，即建立排污许可证的交易市场，允许污染源及非排污者在市场上自由买卖许可证。排污权交易制具有以下优点：一是只要规定了整个经济活动中允许的排污量，通过市场机制的作用，企业将根据各自的控制成本曲线，确定生产与污染的协调方式，社会总控制成本的调整将趋于最低。二是与排污收费制相比，排污交易权不需要事先确定收费率，也不需要对费用率作出调整。排污权的价格通过市场机制的自动调整，排除了因通货膨胀影响而降低调控机制有效性的可能，能够提供良好的持续激励作用。三是污染控制部门可以通过增发或收购排污权来控制排污权价格，与排污许可证制相比，可大幅度减少行政费用支出。同时，非排污者可以参与市场发表意见，一些环保组织可以通过购买排污权达到降低污染物排放、提高环境质量的目的。总之，可交易的排污许可证制是总量控制配套管理制度的最优选择。

可交易排污许可证制是排污许可证制的附加制度，它以排污许可证制度为基础。随着计划经济体制向市场经济体制的过渡，建立许可证交易制的市场条件逐步成熟，新建、扩建企业对排污许可有迫切的要求，构成排污交易市场足够庞大的交易主体。因此，污染控制部门应当积极引导，尽快建成适应我国社会经济发展与环境保护需要的市场化的排污许可交易制，在我国社会经济可持续发展过程中实现经济环保效益的整体最优化。

三、水环境保护的工程技术措施

水环境保护还需要一系列的工程技术措施，主要包括以下几类：

(一) 加强水体污染的控制与治理

1. 地表水污染控制与治理

由于工业和生活污水的大量排放，以及农业面源污染和水土流失的影响，地面水体和地下水体污染，严重危害生态环境和人类健康。对于污染水体的控制和治理主要是减少污水的排放量。大多数网家和地区根据水源污染控制与治理的法律法规，通过制定减少营养物和工厂有毒物排放标准和目标，建立污水处理厂，改造给水、排水系统等基础设施建设，利用物理、化学和生物技术加强水质的净化处理，加大污水排放和水源水质监测的力度。对于量大面广的农业面源污染、通过制定合理的农业发展规划，有效的农业结构调整，有机和绿色农业的推广以及无污染小城镇的建设，对面源污染进行源头控制。

污染地表水体的治理另一个重要措施就是内源的治理。由于长期污染，在地表水体的底泥中存在着大量的营养物及有毒有害污染物质。在合适的环境和水文条件下不断缓慢地释放出来。在浓度梯度和水流的作用下，在水体中不断地扩散和迁移，造成水源水质的污染与恶化。目前，底泥的疏浚、水生生态系统的恢复、现代物化与生物技术的应用成为内源治理的重要措施。

2. 地下水污染控制与治理

近年来，随着经济社会的快速发展，工业及生活废水排放量的急剧增加，农业生产活动中农药、化肥的过量使用，城市生活垃圾和工业废渣的不合理处置，导致我国地下水环境遭受不同程度的污染。地下水作为重要的水资源，是人类社会主要的饮水来源和生活用水来源，对于保障日常生活和生态系统的需求具有重要作用。对我国而言，地下水约占水资源总量的1/3；地下水资源在我国总的水资源中占有举足轻重的地位。

地下水污染治理技术主要有物理处理法、水动力控制法、抽出处理法、原位处理法。

（1）物理处理法

物理处理法包括屏蔽法和被动收集法。

屏蔽法是在地下建立各种物理屏障，将受污染水体圈闭起来，以防止污染物进一步扩散蔓延。常用的灰浆帷幕法是用压力向地下灌注灰浆，在受污染水体周围形成一道帷幕，从而将受污染水体圈闭起来。其他的物理屏障法还有泥浆阻水墙、振动桩阻水墙、块状置换、膜和合成材料帷幕圈闭法等。该法适合在地下水污染初期用作一种临时性的控制方法。

被动收集法是在地下水流的下游挖一条足够深的沟道，在沟内布置收集系统，将水面漂浮的污染物质收集起来，或将受污染地下水收集起来以便处理的一种方法。该法在处理轻质污染物（如油类等）时比较有效。

（2）水动力控制法

水动力控制法是利用井群系统通过抽水或向含水层注水，人为地区别地下水的水力梯度，从而将受污染水体与清洁水体分隔开来。根据井群系统布置方式的不同，水力控制法又可分为上游分水岭法和下游分水岭法。水动力法不能保证从地下环境中完全、永久地去除污染物，被用作一种临时性的控制方法，一般在地下水污染治理的初期用于防止污染物的蔓延。

（3）抽出处理法

抽出处理法是最早使用、应用最广的经典方法，根据污染物类型和处理费用分为物理法、化学法和生物法三类。在受污染地下水的处理中，井群系统的建立是关键，井群系统要控制整个受污染水体的流动。处理地下水的去向主要有两个，一是直接使用，另一个则是多用于回灌。后者为主要去向，用于回灌多一些的原因是回灌一方面可以稀释被污染水体，冲洗含水层；另一方面可以加速地下水的循环流动，从而缩短地下水的修复时间。此方法能去除有机污染物中的轻非水相液体，而对重非水相液体的治理效果甚微。此外，地下水系统的复杂性和污染物在地下的复杂行为常常干扰此方法的有效性。

（4）原位处理法

原位处理法是当前地下水污染治理研究的热点，该方法不单成本低，而且还可减少地标处理设施，减小污染物对地面的影响。该方法又划分为物理化学处理法和生物处理法。物理化学处理法技术手段多样，包括通过井群系统向地下加入化学药剂，实现污染的降解。

对于较浅较薄的地下水污染，可以建设渗透性处理床，污染物在处理床上生成无害化产物或沉淀，进而除去，该方法在垃圾场渗液处理中得到了应用。生物处理法主要是人工强化原生菌的自身降解能力，实现污染物的有效降解，常用的手段包括添加氧、营养物质等。

地下水污染治理难度大，因此要注重污染的预防。对于遭受污染的水体，在污染初期要将污染水体圈闭起来，尽可能地控制污染面积，然后根据地下水文地质条件和污染物类型选择合适的处理技术，实现地下水污染的有效治理。

（二）节约用水、提高水资源的重复利用率

节约用水、提高水资源的重复利用率，可以减少废水排放量，减轻环境污染，有利于水环境的保护。

节约用水是我国的一项基本国策，节水工作近年来得到了长足的发展。节约用水、提高水资源的重复利用率可以从下面几个方面来进行：

1. 农业节水

农业节水可通过喷灌技术、微灌技术、渗灌技术、渠道防渗及塑料管道节水技术等农艺技术来实现。

2. 工业节水

因为工业用水量所占比例较大、供水比较集中，具有很大的节水潜力。工业可以从以下三个方面进行节水：①加强企业用水管理。通过开源节流，强化企业的用水管理。②通过实行清洁生产战略，改变生产工艺或采用节水以至无水生产工艺，合理进行工业或生产布局，以减少工业生产对水的需求。③通过改变生产用水方式，提高水的循环利用率及回用率。提高水的重复利用率，通常可在生产工艺条件基本不变的情况下进行，是比较容易实施的，因而是工业节水的主要途径。

3. 城市节水

城市用水量主要包括综合生活用水、工业企业用水、浇洒道路和绿地用水、消防用水以及城市管网输送漏损水量等其他未预见用水。城市节水可以从以下五个方面进行：①提高全民节水意识。通过宣传教育，使全社会了解我国的水资源现状、我国的缺水状况、水的重要性，使全社会都有节水意识，人人行动起来，参与到节水行动中，养成节约用水的好习惯。②控制城市管网漏失，改善给水管材，加强漏算管理。③推广节水型器具。常用的节水型器具包括节水型阀门、节水型淋浴器、节水型卫生器具等。④污水回用。污水回用不仅可以缓解水资源的紧张问题，又可减轻江河、湖泊等受纳水体的污染。目前处理后的污水主要回用于农业灌溉、工业生产、城市生活等方面。⑤建立多元化的水价体系。水价应随季节、丰枯年的变化而改变；水价应与用水量的大小相关，宜采用累进递增式水价；水价的制定应同行业相关。

（三）市政工程措施

1. 完善下水道系统工程，建设污水、雨水截流工程

减少污染物排放量，截断污染物向江、河、湖、库的排放是水污染控制和治理的根本性措施之一。我国老城市的下水道系统多为雨污合流制系统，既收集、输送污水，又收集、输送雨水，在雨季，受管道容量所限，仅有一部分雨污混合水送入污水处理厂，剩下的未经处理的雨污混合水直接排入附近水体，造成了水体污染。应采取污染源源头控制、改雨污合流制排水系统为分流制、加强雨水下渗与直接利用等措施，

2. 建设城市污水处理厂和天然净化系统

排入城市下水道系统的污水必须经过城市污水处理厂处理后达标才能排放。因此，城市污水处理厂规划和工艺流程设计是十分重要的工作。应根据城市自然、地理、社会经济等具体条件，考虑当前及今后发展的需要，通过多种方案的综合比较分析确定。

许多国家从长期的水系治理中认识到普及城市下水道，大规模兴建城市污水处理厂，普遍采用二级以上的污水处理技术，是水环境保护的重要措施。例如：20世纪英国的泰晤士河、美国的芝加哥河的水质都是随着大型

污水处理厂的建立和使用得到改善；美国、加拿大两国五大湖也是由于在湖边建立了大量三级污水处理厂使湖水富营养化得到了有效的控制。

3. 城市污水的天然净化系统

城市污水天然净化系统利用生态工程学的原理及自然界微生物的作用，对废水、污水进行净化处理。在稳定塘、水生植物塘、水生动物塘、湿地、土地处理系统的组合系统中，菌藻及其他微生物、浮游动物、底栖动物、水生植物和农作物及水生动物等进行多层次、多功能的代谢过程，并伴随着物理的、化学的、生物化学的多种过程，使污水中的有机污染物、氮、磷等营养成分及其他污染物进行多级转换、利用和去除，从而实现废水的无害化、资源化与再利用。因此，天然净化符合生态学的基本原则，并具有投资少、运行维护费低、净化效率高等优点。

(四) 水利工程措施

水利工程在水环境保护中具有十分重要的作用。包括引水、调水、蓄水、排水等各种措施的综合应用，可以调节水资源时空分布，改善水环境状况。因此，采用正确的水利工程措施来改善水质，保护水环境是十分必要的。

1. 调蓄水工程措施

通过江河湖库水系上修建的水利工程，改变天然水系的丰、枯水量不平衡状况，控制江河径流量，使河流在枯水期具有一定的水量以稀释净化污染物质，改善水资源质量。特别是水库的建设，可以明显改变天然河道枯水期径流量，改变水环境质量。

2. 进水工程措施

从汇水区来的水一般要经过若干沟、渠、支河而流入湖泊、水库，在其进入湖库之前可设置一些工程措施控制水量水质。

(1) 设置前置库

对库内水进行渗滤或兴建小型水库调节沉淀，确保水质达到标准后才能汇入大、中型江、河、湖、库之中。

(2) 兴建渗滤沟

此种方法适用于径流量波动小、流量小的情况，这种沟也适用于农村、禽畜养殖场等分散污染源的污水处理，属于土地处理系统。在土壤结构符合土地处理要求且有适当坡度时可考虑采用。

（3）设置渗滤池

在渗滤池内铺设人工渗滤层。

3. 湖、库底泥疏浚

利用机械清除湖、库的污染底泥。它是解决内源磷污染释放的重要措施，能将营养物直接从水体中取出，但会产生污泥处置和利用的问题。可将挖出来的污泥进行浓缩，上清液经除磷后回送至湖、库中，污泥可直接施向农田，用作肥料，并改善土质。在底泥疏浚过程中必须把握好几个关键技术环节：①尽量减少泥沙搅动，并采取防扩散和泄漏的措施，避免悬浮状态的污染物对周围水体造成污染；②高定位精度和高开挖精度，彻底清除污染物，并尽量减少挖方量，在保证疏浚效果的前提下，降低工程成本；③避免输送过程中的泄漏对水体造成二次污染；④对疏浚的底泥进行安全处理，避免污染物对其他水系和环境产生污染。

（五）生物工程措施

利用水生生物及水生态环境食物链系统达到去除水体中氮、磷和其他污染物质的目的。其最大的特点是投资省、效益好，有利于建立水生生态循环系统。

四、水环境保护规划

（一）水环境保护规划概述

水环境保护规划是指将经济社会与水环境作为一个有机整体，根据经济社会发展及生态环境系统对水环境质量的要求，以实行水污染物排放总量控制为主要手段，从法律、行政、经济、技术等方面，对各种污染源和污染物的排放制定总体安排，以达到保护水资源、防治水污染和改善水环境质量的目的。

水环境保护规划是区域规划的重要组成部分，在规划中需遵循可持续发展和科学发展观的总体原则，并根据规划类型和内容的不同而体现如下的一些基本原则：前瞻性和可操作性原则；突出重点和分期实施原则；以人为本、生态优先、尊重自然的原则；坚持预防为主、防治结合原则；水环境保护和水资源开发利用并重、社会经济发展与水环境保护协调发展的原则。

我国水环境保护规划编制工作始于 20 世纪 80 年代，先后完成了洋河、渭河、沱江、湘江、深圳河等河流的水环境保护规划编制工作。水环境保护规划曾有水质规划、水污染控制系统规划、水环境综合整治规划、水污染防治综合规划等几种不同的提法，在国内应用的起始时间、特点及发展过程不尽相同，但从保护水环境，防治水污染的目的出发，又有许多相同之处，目前已交叉融合，趋于一体化。随着人口、工农业及城市的快速发展，水污染日趋严重，水环境保护也从单一的治理措施，发展到同土地利用规划、水资源综合规划、国民经济社会发展规划等协调统一的水环境保护综合规划。

(二) 水环境保护规划的目的、任务和内容

水环境保护规划的目的是：协调好经济社会发展与水环境保护的关系，合理开发利用水资源，维护好水域水量、水质的功能与资源属性，运用模拟和优化方法，寻求达到确定的水环境保护目标的最低经济代价和最佳运行管理策略。

水环境保护规划的基本任务是：根据国家或地区的经济社会发展规划、生态文明建设要求，结合区域内或区域间的水环境条件和特点，选定规划目标，拟订水环境治理和保护方案，提出生态系统保护、经济结构调整建议等。

水环境保护规划的主要内容包括：水环境质量评估、水环境功能区划、水污染物预测、水污染物排放总量控制、水污染防治工程措施和管理措施等。

(三) 水环境保护规划的类型

水环境保护规划按不同的划分方法，可分为两类。

1. 按规划层次分类

根据水污染控制系统的特点，可将水环境保护规划分成三个相互联系的规划层次，即流域规划、区域 (城市) 规划、水污染控制设施规划。不同

层次的规划之间相互联系、相互衔接，上一层规划对下一层规划提出限制条件和要求，具有指导作用，下一层规划又是上一层规划实施的基础。一般来说，规划层次越高，规模越大，需要考虑的因素越多，技术越复杂。

（1）流域规划

流域是一个复杂的巨系统，各种水环境问题都可能发生。流域规划研究受纳水体控制的流域范围内的水污染防治问题。其主要目的是确定应该达到或维持水体的水质标准；确定流域范围内应控制的主要污染物和主要污染源；依据使用功能要求和水环境质量标准，确定各段水体的环境容量，并依次计算出每个污水排放口的污染物最大容许排放量；提出规划实施的具体措施和途径；最后，通过对各种治理方案的技术、经济和效益分析，提出一两个最佳的规划方案供决策者决策。流域规划属于高层次规划，通常需要高层次的主管部门主持和协调。

（2）区域规划

区域规划是指流域范围内具有复杂的污染源的城市或工业区的水环境规划。区域规划是在流域规划的指导下进行的，其目的是将流域规划的结果——污染物限制排放总量分配给各个污染源，并以此制定具体的方案，作为环境管理部门可以执行的方案。区域规划既要满足上层规划——流域规划对该区域提出的限制，又要为下一层次的规划——设施规划提供依据。

我国地域辽阔，区域经济社会发展程度不同，水环境要素有着显著的地域特点。不同区域的水环境保护规划有不同的内容和侧重点，按地区特点制定区域水环境保护规划能较好地符合当地实际情况，既经济合理，也便于实施。

（3）设施规划

设施规划是对某个具体的水污染控制系统，如一个污水处理厂及与其有关的污水收集系统做出的建设规划。该规划应在充分考虑经济、社会和环境诸因素的基础上，寻求投资少、效益大的建设方案。设施规划一般包括以下几个方面：关于拟建设施的可行性报告，包括要解决的环境问题及其影响，对流域和区域规划的要求等；说明拟建设施与其他现有设施的关系，以及现有设施的基本情况；第一期工程初步设计、费用估计和执行进度表，可能的分阶段发展、扩建和其他变化及其相应的费用；被推荐的方案和其他可选方案的费用——效益分析；对被推荐方案的环境影响评价，其中应包括是否符合有关的法规、标准和指控指标，设施建成后对受纳水体水质的影响等；当地有关部门、专家和公众代表的评议，并经地方主管机构批准。

2. 按水体分类

(1) 河流规划

河流规划是以一条完整河流为对象而编制的水环境保护规划，规划应包括水源、上游、下游及河口等各个环节。

(2) 河段规划

河段规划是以一条完整河流中污染严重或有特殊要求的河段为对象，在河流规划指导下编制的局部河段水环境保护规划。

(3) 湖泊规划

湖泊规划是以湖泊为主要对象而编制的水环境保护规划，规划时要考虑湖泊的水体特征和污染特征。

(4) 水库规划

水库规划是以水库及库区周边区域为主要对象而编制的水环境保护规划。

3. 按管理目分类

(1) 水污染控制系统规划

水污染控制系统是由污染物的产生、处理、传输以及在水体中迁移转化等各种过程和影响因素所组成的系统。广义上讲，它涉及人类的资源开发、社会经济发展规划以及与水环境保护之间的协调问题。它以国家或地方颁布的法规和标准为基本依据，在考虑区域社会经济发展规划的前提下，识别区域发展可能存在的水环境问题，以水污染控制系统的最佳综合效益为总目标，以最佳适用防治技术为对策集合，统筹考虑污染发生——防治——排污体制——污水处理——水质及其与经济发展、技术改进和综合管理之间的关系，进行系统的调查、监测、评价、预测、模拟和优化决策，寻求整体优化的近、中、远期污染控制规划方案。

(2) 水质规划

水质规划是为使既定水域的水质在规划水平年能满足水环境保护目标需求而开展的规划工作。在规划过程中通过水体水质现状分析，建立水质模型，利用模拟优化技术，寻求防治水体污染的可行性方案。

（3）水污染综合防治规划

水污染综合防治规划是为保护和改善水质而制定的一系列综合防治措施。在规划过程中要根据规划水平年的水域水质保护目标，运用模拟和优化方法，提出防治水污染的综合措施和总体安排。

（四）水环境保护规划的基本原则

水环境保护规划是一个反复协调决策的过程，一个最佳的规划方案应是整体与局部、主观与客观、近期与长远、经济与环境效益等各方面的统一。因此，要想制定一个好的、切实可行的水环境规划并使之得到最佳的效果，必须按照一定的原则，合理规划，正确执行。应考虑的主要原则如下：①水环境保护规划应符合国家和地方各级政府制定的有关政策，遵守有关法律法规，以使水环境保护工作纳入"科学治水、依法管水"的正确轨道；②以经济、社会可持续发展的战略思想为依据，明确水环境保护规划的指导思想；③水环境目标要切实可行，要有明确的时间要求和具体指标；④在制定区域经济社会发展规划的同时，制定区域水环境保护规划，两者要紧密结合，经济目标和环境目标之间要在综合平衡后加以确定；⑤要进行全面的效益分析，实现环境效益与经济效益、社会效益的统一；⑥严格执行水污染物排放实施总量控制制度和最严格水资源管理制度，推进水环境、水资源的有效保护。

（五）水环境保护规划的过程与步骤

水环境保护规划的制定是一个科学决策的过程，往往需要经过多次反复论证，才能使各部门之间以及现状与远景、需要与可能等多方面协调统一。因此，规划的制定过程实际上就是寻求一个最佳决策方案的过程。虽然不同地区会有其侧重点和具体要求，但大多按照以下四个环节来开展工作：

1. 确定规划目标

在开展水环境保护规划工作之前，首先要确立规划的目标与方向。规划目标主要包括规划范围、水体使用功能、水质标准、技术水平等。它应根据规划区域的具体情况和发展需求来制定，特别要根据经济社会发展要求，从水质和水量两个方面来拟定目标值。规划目标是经济社会与环境协调发展的综合体现，是水环境保护规划的出发点和归宿。规划目标的提出需要经过多方案比较和反复论证，在规划目标最终确定前要先提出几种不同的目标方案，在经过对具体措施的论证以后才能确定最终目标。

2. 建立模型

为了进行水污染控制规划的优化处理，需要建立污染源发生系统、水环境（污水承纳）系统水质与污染物控制系统之间的定量关系，亦即水环境数学模式，包括污染量计算模式、水质模拟模式、优化计算模式等，同时，包括模式的概念化、模式结构识别、模式参数估计、模式灵敏度分析、模式可靠性验证及应用等步骤。

3. 模拟和优化

寻求优化方案是水环境保护规划的核心内容。在水环境保护规划中，通常采用两种寻优方法：数学规划法和模拟比较法。数学规划法是一种最优化的方法，包括线性规划法、非线性规划法和动态规划法。它是在满足水环境目标，并在与水环境系统有关要素约束和技术约束的条件下，寻求水环境最优的规划方案。其缺点是要求资料详尽，而且得到的方案是理想状态下的方案。模拟比较法是一种多方案模拟比较的方法。它是结合城市、工业区的发展水平与市政的规划建设水平，拟订污水处理系统的各种可行方案，然后根据方案中污水排放与水体之间的关系进行水质模拟，检验规划方案的可行性，通过损益分析或其他决策分析方法来进行方案优选。应用模拟比较法得到的解，一般不是规划的最优解。由于这种方法的解的好坏在很大程度上取决于规划人员的经验和能力，因此在规划方案的模拟选优方法时，要求尽可能多提出一些初步规划方案，以供筛选。当数学规划法的条件不具备、应用受限制时，模拟比较法是一种更为有效的使用方法。

4. 评价与决策

影响评价是对规划方案实施后可能产生的各种经济、社会、环境影响进行鉴别、描述和衡量。为此，规划者应综合考虑政治、经济、社会、环境、资源等方面的限制因素，反复协调各种水质管理矛盾，做出科学决策，最终选择一个切实可行的方案。

第三章　环境监测的程序与技术

第一节　环境监测程序、目的与分类

一、环境监测程序

环境监测是环境科学的一个重要分支学科。环境化学、环境物理学、环境地学、环境工程学、环境医学、环境管理学、环境经济学及环境法学等所有环境科学的分支学科，都需要在了解、评价环境质量及其变化趋势的基础上，才能进行各项研究和制订有关管理、经济的法规。"监测"一词的含义可理解为监视、测定、监控等，因此环境监测就是通过对影响环境质量因素的代表值的测定，确定环境质量（或污染程度）及其变化趋势。随着工业和科学的发展，监测含义的内容也扩展了，由工业污染源的监测逐步发展到对大环境的监测，即监测对象不仅是影响环境质量的污染因子，还延伸到对生物、生态变化的监测。

判断环境质量，仅对某一污染物进行某一地点、某一时刻的分析测定是不够的，必须对各种有关污染因素、环境因素在一定范围、时间、空间内进行测定，分析其综合测定数据，才能对环境质量做出确切评价。因此，环境监测包括对污染物分析测试的化学监测（包括物理化学方法），对物理（或能量）因子热、声、光、电磁辐射、振动及放射性等强度、能量和状态测试的物理监测，对生物由于环境质量变化所发出的各种反应和信息（如受害症状、生长发育、形态变化等测试的生物监测），对区域群落、种落的迁移变化进行观测的生态监测等。

环境监测的基本程序一般为：接受任务→现场调查→监测计划设计→布点→样品采集→保存→分析测试→数据处理→综合评价等。具体如下：

（一）受领任务

环境监测的任务主要来自环境保护主管部门的指令，以及单位、组织或个人的委托、申请和监测机构的安排三个方面。环境监测是一项政府行为和技术性、执法性活动，所以必须要有确切的任务依据。

（二）明确目的

根据任务下达者的要求和需求，确定针对性较强的监测工作的具体目的。

（三）现场调查

根据监测目的，进行现场调查研究，主要摸清主要污染源的性质及排放规律，污染受体的性质及污染源的相对位置以及水文、地理、气象等环境条件和历史情况等。

（四）方案设计

根据现场调查情况和有关技术规范要求，认真做好监测方案设计，并据此进行现场布点作业，做好标识和必要准备工作。

（五）采集样品

按照设计方案和规定的操作程序，实施样品采集，对某些需现场处置的样品，应按规定进行处置包装，并如实记录采样实况和现场实况。

（六）运送保存

按照规范方法需求，将采集的样品和记录及时安全地送往实验室，办好交接手续。

（七）分析测试

按照规定程序和规定的分析方法，对样品进行分析，如实记录检测。

（八）数据处理

对测试数据进行处理和统计检验，整理入库。

（九）综合评价

依据有关规定和标准进行综合分析，并结合现场调查资料对监测结果做出合理解释，写出研究报告，并按规定程序报出。

（十）监督控制

依据主管部门指令或用户需求，对监测对象实施监督控制，保证法规政令落到实处。

从信息技术角度看，环境监测是环境信息的捕获→传递→解析→综合的过程。只有在对监测信息进行解析、综合的基础上，才能全面、客观、准确地揭示监测数据的内涵，对环境质量及其变化做出正确的评价。

二、环境监测的目的

环境监测的目的是准确、及时、全面地反映环境质量现状及发展趋势，为环境管理、污染源控制、环境规划等提供科学依据。具体可归纳为六条。

第一，根据环境质量标准，评价环境质量。

第二，根据污染特点、分布情况和环境条件，追踪寻找污染源、提供污染变化趋势，为实现监督管理、控制污染提供依据。

第三，收集本底数据，积累长期监测资料，为研究环境容量、实施总量控制、目标管理、预测预报环境质量提供数据。

第四，为保护人类健康、保护环境，合理使用自然资源，制订环境法规、标准、规划等服务。

第五，通过监测确定环保设施运行效果，以便采取措施和管理对策，达到减少污染、保护环境的目的。

第六，为环境科学研究提供科学依据。

三、环境监测的任务

针对上述环境监测的目的，具体来说，环境监测的任务主要有相应的五项。

第一，确定环境中污染物质的浓度或污染因素的强度，判断环境质量是否合乎国家制定的环境质量标准，定期提出环境质量报告。

第二，确定污染物质的浓度或因素的强度、分布现状、发展趋势和扩散速度，以追究污染途径，确定污染源。

第三，确定污染源造成的污染影响，判断污染物在事件和空间上的分布迁移、转化和发展规律；掌握污染物作用大气、水体、土壤和生态系统的规律性，判断浓度最高的时间和空间，确定污染潜在危害最严重的区域，以确定控制和防治的对策，评价防治措施的效果。

第四，为环境科学研究提供数据资料，以便研究污染扩散模式，发现新污染源，进行污染源对环境质量影响的预测、评价及环境污染的预测预报。

第五，收集环境本底数据，积累长期监测资料，为研究环境容量、实施总量控制和完善环境管理体系、保护人类健康、保护环境提供基础数据。

四、环境监测的分类

环境污染物的种类庞大、性质各异，污染物在环境中的形态多样、迁移转化复杂。污染源的多样性，环境介质及被污染对象的多样性和复杂性，加之环境监测的目的与任务有多层次的要求等多种因素决定了环境监测的类型划分方式的多样性和环境监测类型的多样性。

(一) 按监测目的或监测任务划分

1. 监视性监测 (例行监测、常规监测)

这是指按照预先布置好的网点对指定的有关项目进行定期的、长时间的监测，包括对污染源的监督监测和环境质量监测，以确定环境质量及污染源状况，评价控制措施的效果，衡量环境标准实施情况和环境保护工作的进展。这是监测工作中量最大、面最广的工作，是纵向指令性任务，是监测站第一位的工作，其工作质量是环境监测水平的主要标志。

2. 特定目的监测（特例监测、应急监测）

（1）污染事故监测

这是在环境应急情况下，为发现和查明环境污染情况和污染范围进行的环境监测。包括：在发生污染事故时及时深入事故地点进行应急监测，确定污染物的种类、扩散方向、速度和污染程度及危害范围，查找污染发生的原因，为控制污染事故提供科学依据。这类监测常采用流动监测（车、船等）、简易监测、低空航测、遥感等手段。

（2）纠纷仲裁监测

主要针对污染事故纠纷、环境执法过程中所产生的矛盾进行监测，提供公证数据。

（3）考核验证监测

包括人员考核、方法验证、新建项目的环境考核评价、排污许可证制度考核监测、"三同时"项目验收监测、污染治理项目竣工时的验收监测。

（4）咨询服务监测

为政府部门、科研机构、生产单位所提供的服务性监测。为国家政府部门制定环境保护法规、标准、规划提供基础数据和手段。如建设新企业应进行环境影响评价，需要按评价要求进行监测。

3. 研究性监测（科研监测）

这是针对特定目的科学研究而进行的高层次监测，是通过监测了解污染机理、弄清污染物的迁移变化规律、研究环境受到污染的程度，如环境本底的监测及研究、有毒有害物质对从业人员的影响研究、为监测工作本身服务的科研工作的监测（如统一方法和标准分析方法的研究、标准物质研制、预防监测）等。这类研究往往要求多学科合作进行。

4. 本底值监测（背景值监测）

环境本底值是指在环境要素未受污染影响的情况下环境质量的代表值，简称本底值。本底值监测是一类特殊的研究型监测，是环境科学的一项重要基础工作，能为污染物阈值的确定、环境质量的评价和预测、污染物在环境中迁移转化规律的研究和环境标准的制定等提供依据。

(二) 按环境监测的介质与对象划分

可分为大气污染监测、水质污染监测、土壤污染监测、生物污染监测及固体废物监测和包括四种环境要素在内的生态监测等。

(三) 按环境监测的工作性质划分

1. 环境质量监测

分为大气、水、土壤生物等环境要素以及固体废物的环境质量，主要由各级环境监测站负责，都有一系列环境质量标准以及环境质量监测技术规范等。

2. 污染源监测 (排放污染物监测)

由各级监测站和企业本身负责。按污染源的类型划分为：工业污染源，农业污染源，生活污染源 (包括交通污染源)，集中式污染治理设施和其他产生、排放污染物的设施。

(四) 按其他方式划分

按进行环境监测的专业部门划分，可分为气象监测、卫生监测、生态监测、资源监测等。按环境监测的区域划分，可分为厂区监测和区域监测。

上述各种分类方式不是孤立的和一成不变的，在实际环境监测工作中，常根据需要进行多种方式相结合的监测。

第二节　环境监测特点、技术及标准

一、环境监测的发展

(一) 被动监测

环境污染虽然自古就有，但环境科学作为一门学科是在 20 世纪 50 年代才开始发展起来。最初危害较大的环境污染事件主要是由于化学毒物所造成，因此，对环境样品进行化学分析以确定其组成和含量的环境分析就产生了。由于环境污染物通常处于痕量级甚至更低，并且基体复杂，流动性、变异性大，又涉及空间分布及变化，所以对分析的灵敏度、准确度、分辨率和分析速度等提出了很高的要求。因此，环境分析实际上是促进分析化学的发展。这一阶段称为污染监测阶段或被动监测阶段。

（二）主动监测

随着科学的发展，人们逐渐认识到影响环境质量的因素不仅是化学因素，还有物理因素，如噪声、振动、光、热、电磁辐射、放射性等，所以用生物（动物、植物）的受害症状等的变化作为判断环境质量的标准更为确切可靠，于是出现了生物监测，并从生物监测向生态监测发展，即在时间和空间上对特定区域范围内生态系统或生态系统组合体的类型、结构和功能及其组合要素进行系统的观测和测定，以了解、评价和预测人类活动对生态系统的影响，为合理利用自然资源、改善生态环境提供科学依据。此外，某一化学毒物的含量仅是影响环境质量的因素之一，环境中各种污染物之间、污染物与其他物质、其他因素之间还存在着相加和拮抗作用，所以环境分析只是环境监测的一部分。因此，环境监测的手段除了化学的，还发展了物理的、生物的等。同时，监测范围也从点污染的监测发展到面污染以及区域性的立体监测，这一阶段称之为环境监测的主动监测或目的监测阶段。

（三）自动监测

监测手段和监测范围的扩大，虽然能够说明区域性的环境质量，但由于受采样手段、采样频率、采样数量、分析速度、数据处理速度等限制，仍不能及时地监视环境质量变化、预测变化趋势，更不能根据监测结果发布采取应急措施的指令。部分国家建立了自动连续监测系统，并使用了遥感、遥测手段，监测仪器用电子计算机遥控，数据用有线或无线传输的方式送到监测中心控制室，经电子计算机处理，可自动打印成指定的表格，画成污染态势、浓度分布；可以在极短时间内观察到空气、水体污染浓度变化、预测预报未来环境质量；当污染程度接近或超过环境标准时，可发布指令、通告，并采取保护措施。这一阶段称为污染防治监测阶段或自动监测阶段。

二、环境污染和环境监测的特点

(一) 环境污染的特点

1. 时间分布性

污染物的排放量和污染因素的强度随时间而变化。例如，工厂排放污染物的种类和浓度往往随时间而变化。由于河流的潮汐和丰水期、枯水期的交替，都会使污染物浓度随时间而变化。随着气象条件的改变，同一污染物在同一地点的污染浓度可相差数十倍。交通噪声的强度随着不同时间内车辆流量的变化而变化。

2. 空间分布性

污染物和污染因素进入环境后，随着水和空气的流动而被稀释扩散。不同污染物的稳定性和扩散速度与污染物性质有关。因此，不同空间位置上污染物的浓度和强度分布是不同的。为了正确表述一个地区的环境质量，单靠某一点监测结果是不完整的，必须根据污染物的时间、空间分布特点，科学地制订监测计划 (包括监测网点设置，监测项目和采样频率设计等)，然后对监测数据进行统计分析，才能得到较全面而客观的反映。

3. 环境污染与污染物含量 (或污染因素强度) 的关系

有害物质引起毒害的量与其无害的自然本底值之间存在一界限。所以，污染因素对环境的危害有一阈值。对阈值的研究，是判断环境污染及污染程度的重要依据，也是制定环境标准的科学依据。

4. 污染因素的综合效应

环境是一个由生物 (动物、植物、微生物) 和非生物所组成的复杂体系，必须考虑各种因素的综合效应。从传统毒理学的观点看，多种污染物同时存在对人或生物体的影响有以下几种情况：

(1) 单独作用

即只是由于混合物中某一组分对机体中某些器官发生危害，没有因污染物的共同作用而加深危害的，称为污染物的单独作用。

(2) 相加作用

混合污染物各组分对机体的同一器官的毒害作用彼此相似，且偏向同一方向，当这种作用等于各污染物毒害作用的总和时，称为污染的相加作用。如大气中二氧化硫和硫酸气溶胶之间、氯和氯化氢之间，当它们在低浓度时，其联合毒害作用即为相加作用，而在高浓度时则不具备相加作用。

（3）相乘作用

当混合污染物各组分对机体的毒害作用超过个别毒害作用的总和时，称为相乘作用。如二氧化硫和颗粒物之间、氮氧化物与一氧化碳之间，就存在相乘作用。

（4）拮抗作用

当两种或两种以上污染物对机体的毒害作用彼此抵消一部分或大部分时，称为拮抗作用。如动物试验表明，当食物中有 30mg／kg 甲基汞，同时又存在 12.5mg／kg 硒时，就可能抑制甲基汞的毒性。

5. 环境污染的社会评价

环境污染的社会评价与社会制度、文明程度、技术经济发展水平、民族的风俗习惯、哲学、法律等问题有关。有些具有潜在危险的污染因素，因其表现为慢性危害，往往不引起人们注意，而某些现实的、直接感受到的因素容易受到社会重视。如河流被污染程度逐渐增大，人们往往不予注意，而因噪声、烟尘等引起的社会纠纷却很普遍。

（二）环境监测的特点

环境监测就其对象、手段、时间和空间的多变性、污染组分的复杂性等，可归纳为以下几个特点：

1. 环境监测的综合性

环境监测的综合性表现在以下几个方面：

（1）监测手段

包括化学、物理、生物、物理化学、生物化学及生物物理等一切可以表征环境质量的方法。

（2）监测对象

包括空气、水体(江、河、湖、海及地下水)、土壤、固体废物、生物等客体，只有对这些客体进行综合分析，才能确切描述环境质量状况。

(3) 监测数据的处理

对监测数据进行统计处理、综合分析时，需涉及该地区的自然和社会各个方面的情况。因此，必须综合考虑才能正确阐明数据的内涵。

2. 环境监测的连续性

由于环境污染具有时空性等特点，因此，只有坚持长期测定，才能从大量的数据中揭示其变化规律，预测其变化趋势，数据样本越多，预测的准确度就越高。因此，监测网络、监测点位的选择一定要科学，而且一旦监测点位的代表性得到确认，必须长期坚持监测，以保证前后数据的可比性。

3. 环境监测的追踪性

环境监测包括监测目的的确定、监测计划的制订、采样、样品运送和保存、实验室测定、数据整理等过程，是一个复杂而又有联系的系统，任何一步的差错都将影响最终数据的质量。特别是区域性的大型监测，由于参加人员众多、实验室和仪器的不同，必然会存在技术和管理水平不同。为使监测结果具有一定的准确性，并使数据具有可比性、代表性和完整性，需要建立环境监测的质量保证体系，对监测量值追踪体系予以监督。

三、环境监测技术

(一) 化学分析法

化学分析法用于对污染组分的化学分析，包括容量分析（酸碱滴定、氧化还原滴定、络合滴定和沉淀滴定）和重量分析。容量分析被广泛用于水中酸度、碱度、化学需氧量、溶解氧、硫化物、氧化物的测定；重量法常用作残渣、降尘、油类、硫酸盐等的测定。这类方法的主要特点为：准确度高，相对误差一般为 0.2%；所需仪器设备简单；但灵敏度低，适用高含量组分的测定，对微量、痕量组分则不宜使用。

(二) 仪器分析法

仪器分析法种类很多，其原理多为物理和物理化学原理，是污染物分析中采用最多的方法，可用于污染物化学组分分析和其他污染因素强度的测定。它包括光谱分析法（可见分光光度法、紫外分光光度法、红外光谱法、原子吸收光谱法、原子发射光谱法、X 荧光射线分析法、荧光分析法、化学发光分析法等）、色谱分析法（气相色谱法、高效液相色谱法、薄层色谱法、离子色谱法、色谱质谱联用技术）、电化学分析法（极谱法、溶出伏安法、电导分析法、电位分析法、离子选择电极法、库仑分析法）、放射分析法（同位素稀释法、中子活化分析法）和流动注射分析法等。仪器分析方法被广泛用于对环境中污染物进行定性和定量的测定，如分光光度法常用于大部分金属、无机非金属的测定；气相色谱法常用于有机物的测定；对于污染物状态和结构的分析常采用紫外光谱、红外光谱、质谱及核磁共振等技术。仪器分析法的共同特点是：灵敏度高，可用于微量或痕量组分的分析；选择性强，对试样预处理简单；响应速度快，容易实现连续自动测定；有些仪器组合使用效果更好。

（三）生物监测法

生物（微生物）法是利用生物个体、种群或群落对环境污染或变化所产生的反应阐明环境污染状况，从生物学角度为环境质量的监测和评价提供依据的一种方法，也叫生物监测。生物监测手段很多，包括生物体内污染物含量的测定、观察生物在环境中受伤害症状、生物的生理生化反应、生物群落结构和种类变化等，可用于大气与水体污染生物监测。一般地讲，生物监测应与化学、仪器监测结合起来，才能取得更好的效果。

四、环境优先污染物和优先监测

有毒化学污染物的监测和控制，无疑是环境监测的重点。世界上已知的化学品有 700 万种之多，而进入环境的化学物质已达 10 万种以上。因此，不论从人力、物力、财力，还是从化学毒物的危害程度和出现频率的实际情况来看，某一实验室不可能对每一种化学品都进行监测、实行控制，而只能有重点、有针对性地对部分污染物进行监测和控制。这就必须确定一个筛选原则，对众多有毒污染物进行分级排队，从中筛选出潜在危害性大，在环境中出现频率高的污染物作为监测和控制对象。这一筛选过程就是数学上的优先过程，经过优先选择的污染物称为环境优先污染物，简称为优先污染物。对优先污染物进行的监测称为优先监测。

在初期，人们控制污染的主要对象是一些进入环境数量大（或浓度高）、毒性强的物质，如重金属等，其毒性多以急性毒性反映，且数据容易获得。而有机污染物则由于种类多、含量低、分析水平有限，故以综合指标 COD、BOD、TOD 等来反映。但随着生产和科学技术的发展，人们逐渐认识到一批有毒污染物（其中绝大部分是有机物），可在极低的浓度下在生物体内累积，对人体健康和环境造成严重的甚至不可逆的影响。许多痕量有毒有机物对综合指标 COD、BOD、TOD 等贡献甚小，但对环境的危害很大。此时，常用的综合指标已不能反映有机污染状况。这些就是需要优先控制的污染物，它们具有如下特点：难以降解；在环境中有一定残留水平；出现频率较高；具有生物积累性；"三致"（致癌、致畸、致突变）物质、毒性较大的污染物；现代已有检出方法的污染物等。

五、环境监测的要求

为确保环境监测结果准确可靠、正确判断并能科学地反映实际，环境监测要满足以下几方面要求：

(一) 代表性

主要是指要取得具有代表性的能够反映总体真实状况的样品，所以样品必须按照有关规定的要求、方法采集。

(二) 完整性

主要是指强调总体工作规划要切实完成，既保证按预期计划取得有系统性和连续性的有效样品，而且要无缺漏地获得这些样品的监测结果及有关信息。

(三) 可比性

主要是指不同实验室之间、同一实验室不同人员之间、相同项目历年的资料之间可比。

(四) 准确性

主要是指测定值与真值的符合程度。

(五) 精密性

主要是指多次测定值要有良好的重复性和再现性。

六、环境标准

(一) 环境标准的作用

1. 环境标准是环境保护的工作目标

它是制定环境保护规划和计划的重要依据。

2. 环境标准是判断环境质量和衡量环保工作优劣的准绳

评价一个地区环境质量的优劣、一个企业对环境的影响，只有与环境标准相比较才能有意义。

3. 环境标准是执法的依据

环境问题的诉讼、排污费的收取、污染治理的目标等执法的依据都是环境标准。

4. 环境标准是组织现代化生产的重要手段和条件

通过实施标准，可以制止任意排污，促使企业对污染进行治理和管理；采用先进的无污染、少污染工艺；更新设备；促进资源和能源的综合利用等。

总之，环境标准是环境管理的技术基础。

(二) 环境标准的分类和分级

我国环境标准分为环境质量标准、污染物排放标准 (或污染控制标准)、环境基础标准、环境方法标准、环境标准物质标准和环保仪器、设备标准六类。环境标准分为国家标准和地方标准两级，其中环境基础标准、环境方法标准和标准物质标准等只有国家标准，并尽可能与国际标准接轨。

1. 环境质量标准

环境质量标准是为了保护人类健康，维持生态平衡和保障社会物质财富，并考虑技术经济条件、对环境中有害物质和因素所做的限制性规定。它是衡量环境质量的依据、环保政策的目标、环境管理的依据，也是制定污染物控制标准的基础。

2. 污染物控制标准

污染物控制标准是为了实现环境质量目标，结合技术经济条件和环境特点，对排入环境的有害物质或有害因素所做的控制规定。由于我国幅员辽阔，各地情况差别较大，因此不少省（市）制定了地方排放标准。地方标准应该符合以下两点：国家标准中所没有规定的项目；地方标准应严于国家标准，以起到补充、完善的作用。

3. 环境基础标准

环境基础标准是在环境标准化工作范围内，对有指导意义的符号、代号、指南、程序、规范等所做的统一规定，是制定其他环境标准的基础。

4. 环境方法标准

环境方法标准是在环境保护工作中以试验、检查、分析、抽样、统计计算为对象制定的标准。

5. 环境标准样品标准

环境标准样品是在环境保护工作中，用来标定仪器、验证测量方法、进行量值传递或质量控制的材料或物质。对这类材料或物质必须达到的要求所做的规定称为环境标准样品标准。

6. 环保仪器、设备标准

这是为了保证污染治理设备的效率和环境监测数据的可靠性和可比性，对环境保护仪器、设备的技术要求所做的规定。

（三）制定环境标准的原则

环境标准体现国家的技术经济政策。因此，它的制定要充分体现科学性和现实性相统一，才能满足既保护环境质量的良好状况，又促进国家经济技术发展的要求。

1. 要有充分的科学依据

标准中指标值的确定，要以科学研究的结果为依据。如环境质量标准，要以环境质量基准为基础。所谓环境质量基准，是指经科学试验确定污染物（或因素）不会对人或生物产生不良或有害影响的最大剂量或浓度。例如，经研究证实，大气中二氧化硫年平均浓度超过 $0.115mg／m^3$ 时对人体健康就会产生有害影响，这个浓度值就是大气中二氧化硫的基准。制定监测方法标准要对方法的准确度、精密度、干扰因素及各种方法的比较等进行试验。制定控制标准的技术措施和指标，要考虑它们的成熟程度、可行性及预期效果等。

2. 既要技术先进，又要经济合理

基准和标准是两个不同的概念。环境质量基准是由污染物（或因素）与人或生物之间的剂量反应关系确定的，不考虑社会、经济、技术等人为因素，也不随时间而变化。而环境质量标准是以环境质量基准为依据，注重社会、经济、技术等因素的影响，它既具有法律强制性，又可以根据技术、经济以及人们对环境保护的认识变化而不断修改、补充。

污染控制标准制定的焦点是如何正确处理技术先进和经济合理之间的矛盾，标准要定在最佳实用点上。这里有"最佳实用技术法"（简称 BPT 法）和"最佳可行技术法"（简称 BAT 法）两种。BPT 法是指工艺和技术可靠，从经济条件上国内能够普及的技术。BAT 法是指技术上证明可靠、经济上合理，但属于代表工艺改革和污染治理方向的技术。环境污染从根本上讲是资源、能源的浪费，因此标准应促使工矿企业技术改造，采用少污染甚至无污染的先进工艺。按照环境功能、企业类型、污染物危害程度、生产技术水平区别对待，这些也应在标准中明确规定或具体反映。

3. 与有关标准、规范、制度协调配套

质量标准与排放标准、排放标准与收费标准、国内标准与国际标准之间应该相互协调才能有效地贯彻执行。

4. 积极采用或等效采用国际标准

一个国家的标准反映该国的技术、经济和管理水平。积极采用或等效采用国际标准，是我国重要的技术经济政策，也是技术引进的重要部分，它能了解当前国际先进技术水平和发展趋势。

（四）水质标准

1. 地表水环境质量标准

标准适用于全国领域内江河、湖泊、运河、渠道、水库等具有使用功能的地表水域。具有特定功能的水域，执行相应的专业用水水质标准。其目的是保障人体健康、维护生态平衡、保护水资源、控制水污染，以及改善地面水质量和促进生产。依据地表水水域环境功能和保护目标、控制功能高低依次划分为五类：

Ⅰ类：主要适用于源头水、国家自然保护区；

Ⅱ类：主要适用于集中式生活饮用水地表水源地一级保护区、珍稀水生生物栖息地、鱼虾类产卵场、仔稚幼鱼的索饵场等；

Ⅲ类：主要适用于集中式生活饮用水地表水源地二级保护区、鱼虾类越冬场、洄游通道、水产养殖区等渔业水域及游泳区；

Ⅳ类：主要适用于一般工业用水区及人体非直接接触的娱乐用水区；

Ⅴ类：主要适用于农业用水区及一般景观要求水域。

对应地表水上述五类水域功能，将地表水环境质量标准基本项目标准值分为5类，不同功能类别分别执行相应类别的标准值。水域功能类别高的标准值严于水域功能类别低的标准值。同一水域兼有多类使用功能的，执行最高功能类别对应的标准值。实现水域功能与达到功能类别标准为同一含义。

2. 生活饮用水卫生标准

目前我国有生活饮用水卫生标准和由国家卫生健康委员会颁布的"生活饮用水水质卫生规范"。后者与国际卫生组织（WHO）的饮用水水质指南基本接轨，它包括：生活饮用水水质常规检验项目及限值34项；生活饮用水水质非常规检验项目及限值62项，共有96项指标。规范中对生活饮用水水源水质和监测方法均做了详细规定。

生活饮用水是指：由集中式供水单位直接供给居民作为饮水和生活用水，该水的水质必须确保居民终生饮用安全，它与人体健康有直接关系。集中式供水指由水源集中取水，经统一净化处理和消毒后，由输水管网送到用户的供水方式，它可以由城建部门建设，也可以由单位自建。制定标准的原则和方法基本上与地表水环境质量标准相同，所不同的是饮用水不存在自净问题，因此无BOD、DO等指标。

细菌总数是指1毫升水样在营养琼脂培养基上，于37℃经24小时培养后生长的细菌菌落总数。细菌不一定都有害，因此这一指标主要反映微生物情况。

对人体健康有害的病菌很多，如果在标准中一一列出，那么不仅在制定标准，而且在执行标准过程中会带来很多困难，因此在实用上只需选择一种在消毒过程中抗消毒剂能力最强、在环境水域中最常见（即有代表性）、监测方法容易的为代表。大肠菌群是一种需氧及兼性厌氧在37℃生长时能使乳糖发酵，在24小时内产酸、产气的革兰氏阴性无芽孢杆菌，有动物生存的有关水域中常见，它对消毒剂的抵抗能力大于伤寒、副伤寒、痢疾杆菌等，通常当它的浓度降低到每升13个时，其他病原菌均已被杀死（但对肝炎病毒不一定有效），因此以它作为代表比较合适。

3.污水综合排放标准

污水排放标准是为了保证环境水体质量，对排放污水的一切企、事业单位所做的规定。这里可以是浓度控制，也可以是总量控制。前者执行方便，后者是基于受纳水体的功能和实际，得到允许总量，再予分配的方法，它更科学，但实际执行较困难。一些国家采用排污许可证和行业排放标准相结合的方法，这是以总量控制为基础的双重控制。许可证规定了在有效期内向指定受纳水体排放限定的污染物种类和数量，实际是以总量为基础。而行业排放标准则是根据各行业特点所制定，符合生产实际。我国总体上采用按收纳水体的功能区类别分类规定排放标准值、重点行业实行行业排放标准、非重点行业执行综合污水排放标准、分时段、分级控制。部分地区也已实施排污许可证相结合，总体上逐步向国际接轨。

污水综合排放标准适用于排放污水和废水的一切企、事业单位。按地表水域使用功能要求和污水排放去向，分别执行一、二、三级标准，对于保护区禁止新建排污口，已有的排污口应按水体功能要求，实行污染物总量控制。

（五）大气标准

我国已颁发的大气标准主要有大气环境质量标准、大气污染物最高允许浓度、室内空气质量标准、居民区大气中有害物质最高允许浓度、车间空气中有害物质的最高允许浓度、饮食业油烟排放标准、锅炉大气污染物排放标准、工业炉窑大气污染物排放标准、汽车污染物排放标准、恶臭污染物排放标准和一些行业排放标准中有关气体污染物的排放限值。

大气环境质量标准的制定目的是为控制和改善大气质量，为人民生活和生产创造清洁适宜的环境，防止生态破坏，保护人民健康，促进经济发展。

1. 标准分为三级

（1）一级标准

为保护自然生态和人群健康，在长期接触情况下，不发生任何危害影响的空气质量要求。

（2）二级标准

为保护人群健康和城市、乡村的动、植物，在长期和短期的情况下，不发生伤害的空气质量要求。

（3）三级标准

为保护人群不发生急、慢性中毒和城市一般动、植物（敏感者除外）能正常生长的空气质量要求。

2. 三类地区

根据地区的地理、气候、生态、政治、经济和大气污染程度又划分三类地区。

（1）一类区

如国家规定的自然保护区、风景游览区、名胜古迹和疗养地等。

（2）二类区

为城市规划中确定的居民区、商业交通居民混合区、文化区、名胜古迹和广大农村寨。

（3）三类区

为大气污染程度比较重的城镇和工业区以及城市交通枢纽、干线等。

标准规定了一类区一般执行一级标准；二类区一般执行二级标准；三类区一般执行三级标准。

第四章　不同环境的监测对策

第一节　水质环境监测的实施

一、水环境监测

(一)水环境监测的分类

水环境包括地表水和地下水，地表水可进一步细分为淡水和海水，或者河流、湖泊(水库)和海洋。降水方面，雨水通常在大气环境中进行研究和分析。

在水环境监测方面，涵盖了地表水环境质量监测和饮用水水源地水质监测。海水环境的监测则会单独详细讨论。目前，地下水环境质量监测在环保监测系统中还处于起步阶段，主要用于饮用水水源地的监测。

(二)监测管理

1. 行政管理

国家级环境质量监测网由生态环境部统一监督管理，省级、地市级环境质量监测网由省、市环保厅局负责监督管理，各部门分工负责。

2. 技术管理

中国的水环境监测系统共分为四级，即国家级、省级、地市级、县级。各级监测站采用统一的监测技术规范和方法标准开展水环境监测工作，在技术管理上，由上级站指导下级站，并进行分级质量保证。

3. 管理方式

中国的水环境监测目前主要采用网络的组织管理方式，主要分为国家级、省级和地市级环境质量监测网三级网络体系。

二、水环境监测布点

(一) 布点原则

1. 河流水系的断面设置原则

河流上的监测位置通常称为监测断面。流域或水系要设立背景断面、控制断面 (若干) 和入海口断面。水系的较大支流汇入前的河口处，以及湖泊、水库、主要河流的出、入口应设置监测断面。对于流程较长的重要河流，为了解水质、水量变化情况，经适当距离后应设置监测断面。水网地区流向不定的河流，应根据常年主导流向设置监测断面。对水网地区应视实际情况设置若干控制断面，其控制的径流量之和应不少于总径流量的 80%。

2. 湖泊水库的监测布点原则

湖泊、水库通常设置监测点位 / 垂线，如有特殊情况可参照河流的有关规定设置监测断面。湖 (库) 区的不同水域，如进水区、出水区、深水区、浅水区、湖心区、岸边区，按水体类别设置监测点位 / 垂线。(库) 区若无明显功能区别，可用网格法均匀设置监测垂线。监测垂线上采样点的布设一般与河流的规定相同，但当有可能出现温度分层现象时，应进行水温、溶解氧的探索性试验后再确定。

3. 行政区域的监测布点原则

对于行政区域可设入境断面 (对照断面、背景断面)、控制断面 (若干) 和出境断面 (入海断面)。在各控制断面下游，如果河段有足够长度 (至少 10 km)，还应设消减断面。国际河流出、入国境的交界处应设置出境断面和入境断面。国家环保行政主管部门统一设置省 (自治区、直辖市) 交界断面。各省 (自治区、直辖市) 环保行政主管部门统一设置市县交界断面。

4. 水体功能区的监测布点原则

根据水体功能区设置控制监测断面，同一水体功能区至少要设置 1 个监测断面。

5. 其他监测断面

根据污染状况和环境管理需要还可设置应急监测断面和考核监测断面。

（二）设置方法

监测断面的设置位置应避开死水区、回水区、排污口处，尽量选择河段顺直、河床稳定、水流平稳，水面宽阔、无急流、无浅滩处。监测断面力求与水文测流断面一致，以便利用其水文参数，实现水质监测与水量监测的结合。

入海河口断面要设置在能反映入海河水水质并邻近入海的位置。有水工建筑物并受人工控制的河段，视情况分别在闸（坝、堰）上、下设置断面。如水质无明显差别，可只在闸（坝、堰）上设置监测断面。设有防潮桥闸的潮汐河流，根据需要在桥闸的上、下游分别设置断面。由于潮汐河流的水文特征，潮汐河流的对照断面一般设在潮区界以上。若感潮河段潮区界在该城市管辖的区域之外，则在城市河段的上游设置一个对照断面。潮汐河流的消减断面，一般应设在近入海口处。若入海口处于城市管辖区域外，则设在城市河段的下游。

三、水质监测的实施

（一）概述

1. 耗氧性污染物

包括有机污染物和无机还原性物质，耗氧有机物和无机还原性物质可用化学耗氧量、高锰酸盐指数、五日生化需氧量等指标来反映其污染程度。

2. 植物营养物

包括含氮、磷、钾、碳的无机、有机污染物，会造成水体富营养化。

3. 痕量有毒有机污染物

如酚、卤代烃、氯代苯、有机氯农药、有机磷农药等。

4. 有毒无机污染物

如氰化物、硫化物、重金属等，这些污染物进入水体，其浓度超过了水体本身的自净能力，就会使水质变坏，影响水质的可利用性。

(二) 水样类型

1. 瞬时水样

从水体中不连续的随机采集的样品称为瞬时水样。对于组分较稳定的水体，或水体的组分在相当长的时间和相当大的空间范围变化不大时，采集的瞬时样品具有较好的代表性。当水体的组分随时间发生变化，则要在适当的时间间隔内进行瞬时采样，分别进行分析，测出水质的变化程度、频率和周期。

下列情况适用地表水瞬时采样：

(1) 流量不固定、所测参数不恒定时 (如采用混合样，会因个别样品之间的相互反应而掩盖了它们之间的差别)；

(2) 水的特性相对稳定；

(3) 需要考察可能存在的污染物，或要确定污染物出现的时间；

(4) 需要污染物最高值、最低值或变化的数据时；

(5) 需要根据较短一段时间内的数据确定水质的变化规律时；

(6) 在制订较大范围的采样方案前；

(7) 测定某些不稳定的参数，如溶解气体、余氯、可溶性硫化物、微生物、油类、有机物和 pH 时。

2. 混合水样

在同一采样点上以流量、时间、体积或是以流量为基础，按照已知比例 (间歇的或连续的) 混合在一起的样品，此样品称为混合样品。

混合样品混合了几个单独样品，可减少监测分析工作量，节约时间，降低试剂损耗。混合水样是提供组分的平均值，为确保混合后数据的正确性；测试成分在水样储存过程中易发生明显变化，则不适用混合水样法，如测定挥发酚、硫化物等。

3. 综合水样

把从不同采样点同时采集的瞬时水样混合为一个样品，称作综合水样。综合水样的采集包括两种情况：在特定位置采集一系列不同深度的水样 (纵断面样品)；在特定深度采集一系列不同位置的水样 (横截面样品)。综合水样是获得平均浓度的重要方式。

除以上几种水样类型外，还有周期水样、连续水样、大体积水样。

（三）水样采集

1. 基本要求

（1）河流

在对开阔河流的采样时，应包括下列几个基本点：①用水地点的采样；②污水流入河流后，对充分混合的地点及流入前的地点采样；③支流合流后，对充分混合的地点及混合前的主流与支流地点的采样；④主流分流后地点的选择；⑤根据其他需要设定的采样地点。各采样点原则上应在河流横向及垂向的不同位置采集样品。采样时间一般选择在采样前至少连续两天晴天，水质较稳定的时间（特殊需要除外）。

（2）水库和湖泊

水库和湖泊的采样，由于采样地点和温度的分层现象可引起水质很大的差异。在调查水质状况时，应考虑到成层期与循环期的水质明显不同。了解循环期水质，可布设和采集表层水样；了解成层期水质，应按深度布设及分层采样。在调查水域污染状况时，需要进行综合分析判断，获取有代表性的水样。如在废水流入前、流入后充分混合的地点、用水地点、流出地点等。

2. 水样采集

（1）采样器材

采样器材主要有采样器和水样容器。采样器包括有聚乙烯塑料桶、单层采水瓶、直立式采水器、自动采样器。水样容器包括聚乙烯瓶（桶）、硬质玻璃瓶和聚四氟乙烯瓶。聚乙烯瓶一般用于大多数无机物的样品，硬质玻璃瓶用于有机物和生物样品，玻璃或聚四氟乙烯瓶用于微量有机污染物（挥发性有机物）样品。

（2）采样量

在地表水质监测中通常采集瞬时水样。采样量参照规范要求，即考虑重复测定和质量控制的需要的量，并留有余地。

（3）采样方法

在可以直接汲水的场合，可用适当的容器采样，如在桥上等地方用系着绳子的水桶投入水中汲水，要注意不能混入漂浮于水面上的物质；在采集一定深度的水时，可用直立式或有机玻璃采水器。

（4）水样保存

在水样采入或装入容器中后，应按规范要求加入保存剂。

（5）油类采样

采样前先破坏可能存在的油膜，用直立式采水器把玻璃容器安装在采水器的支架中，将其放到 300 mm 深度，边采水边向上提升，在到达水面时剩余适当空间（避开油膜）。

3. 注意事项

（1）采样时不可搅动水底的沉积物。

（2）采样时应保证采样点的位置准确，必要时用定位仪（GPS）定位。

（3）认真填写采样记录表。

（4）采样结束前，核对采样方案、记录和水样是否正确，否则补采。

（5）测定油类水样，应在水面至 300 mm 范围内采集柱状水样，并单独采集，全部用于测定，采样瓶不得用采集水样冲洗。

（6）测定溶解氧、生化需氧量和有机污染物等项目时，水样必须注满容器，不留空间，并用水封口。

（7）如果水样中含沉降性固体，如泥沙（黄河）等，应分离除去，分离方法为：将所采水样摇匀后倒入筒形玻璃容器，静置 30 min，将不含降尘性固体但含有悬浮性固体的水样移入盛样容器，并加入保存剂。测定总悬浮物和油类除外。

（8）测定湖库水的化学耗氧量、高锰酸盐指数、叶绿素 a、总氮、总磷时的水样，静置 30 min 后，用吸管一次或几次移取水样，吸管进水尖嘴应插至水样表层 50 mm 以下位置，再加保护剂保存。

（9）测定油类、BOD5、DO（溶解氧）、硫化物、余氯、粪大肠菌群、悬浮物、挥发性有机物、放射性等项目要单独采样。

（10）降雨与融雪期间地表径流的变化，也是影响水质的因素，在采样时应予以注意并做好采样记录。

4. 采样记录

样品注入样品瓶后，按照国家标准《水质采样样品的保存和管理技术规定》中有关规定执行。现场记录应从采样到结束分析的过程，其中始终伴随着样品。采样资料至少应该提供以下信息：

(1) 测定项目；

(2) 水体名称；

(3) 地点位置；

(4) 采样点；

(5) 采样方式；

(6) 水位或水流量；

(7) 气象条件；

(8) 水温；

(9) 保存方法；

(10) 样品的表观 (悬浮物质、沉降物质、颜色等)；

(11) 有无臭气；

(12) 采样年、月、日，采样时间；

(13) 采样人名称。

(四) 保存与运输

1. 变化原因

从水体中取出代表性的样品到实验室分析测定的时间间隔中，原来的各种平衡可能遭到破坏。贮存在容器中的水样，会在以下三种作用下影响测定效果：

(1) 物理作用

光照、温度、静置或震动，敞露或密封等保存条件以及容器的材料都会影响水样的性质。如温度升高或强震动会使得易挥发成分，如氰化物及汞等挥发损失；样品容器内壁能不可逆地吸附或吸收一些有机物或金属化合物等；待测成分从器壁上、悬浮物上溶解出来，导致成分浓度的改变。

(2) 化学作用

水样及水样各组分可能发生化学反应，从而改变某些组分的含量与性质。如空气中的氧能使 Fe^{2+}、S^{2-}、CN^-、Mn^{2+} 等氧化；水样从空气中吸收了 CO_2、SO_2、酸性或碱性气体使水样 pH 发生改变，其结果可能使某些待测成分发生水解、聚合，或沉淀物的溶解、解聚、络合作用。

（3）生物作用

细菌、藻类及其他生物体的新陈代谢会消耗水样中的某些组分，产生一些新的组分，改变一些组分的性质，生物作用会对样品中待测物质如溶解氧、含氮化合物、磷等的含量及浓度产生影响；硝化菌的硝化和反硝化作用，致使水样中氨氮、亚硝酸盐氮和硝酸盐氮的转化。

2. 容器选择

选择样品容器时应考虑组分之间的相互作用、光分解等因素，还应考虑生物活性。最常遇到的是样品容器清洗不当、容器自身材料对样品的污染和容器壁上的吸附作用。

（1）一般的玻璃瓶在贮存水样时可溶出钠、钙、镁、硅、硼等元素，在测定这些项目时，避免使用玻璃容器。

（2）容器的化学和生物性质应该是惰性的，以防止容器与样品组分发生反应。如测定氟时，水样不能贮存在玻璃瓶中，因为玻璃与氟发生反应。

（3）对光敏物质可使用棕色玻璃瓶。

（4）一般玻璃瓶用于有机物和生物品种；塑料容器适用于含玻璃主要成分的元素的水样。

（5）待测物吸附在样品容器上也会引起误差，尤其是测定痕量金属；其他待测物如洗涤剂、农药、磷酸盐也因吸附而引起误差。

3. 贮存方法

（1）充满容器或单独采样

采样时使样品充满容器，并用瓶盖拧紧，使样品上方没有空隙，减小 Fe^{2+} 被氧化，氰、氨及挥发性有机物的挥发损失。对悬浮物等定容采样保存，并全部用于分析，即可防止样品的分层或吸附在瓶壁上而影响测定结果。

（2）冷藏或冰冻

在大多数情况下，从采集样品后到运输再到实验室期间，在 1℃ ~ 5℃ 冷藏并暗处保存，对样品就足够了。冷藏并不适用长期保存，用于废水保存时间更短。

（3）过滤

采样后，用滤器（聚四氟乙烯滤器、玻璃滤器）过滤样品都可以除去其中的悬浮物、沉淀、藻类及其他微生物。滤器的选择要注意与分析方法相匹配，用前应清洗并避免吸附、吸收损失。因为各种重金属化合物、有机物容易吸附在滤器表面，滤器中的溶解性化合物如表面活性剂会滤到样品中。一般测有机物项目时选用砂芯漏斗和玻璃纤维漏斗，而在测定无机项目时常用 0.45 μm 有机滤膜过滤。

过滤样品的目的是区分被分析物的可溶性和不可溶性的比例（如可溶和不可溶金属部分）。

（4）添加保存剂

①控制溶液 pH

测定金属离子的水样常用硝酸酸化，既可以防止重金属的水解沉淀，又可以防止金属在器壁表面上的吸附，同时还能抑制生物活动；测定氰化物的水样需加氢氧化钠，这是由于多数氰化物活性很强而不稳定，当水样偏酸性时，可产生氰化氢而逸出。

②加入抑制剂

在测酚水样中加入硫酸铜可控制苯酚分解菌的活动。

③加入氧化剂

水样中痕量汞易被还原，引起汞的挥发性损失。实验研究表明，加入硝酸 - 重铬酸钾溶液可使汞维持在高氧化态，汞的稳定性大为改善。

④加入还原剂

测定硫化物的水样，加入抗坏血酸对保存有利。

所加入的保存剂有可能改变水中组分的化学或物理性质，因此选用保存剂要考虑对测定项目的影响。如待测项目是溶解态物质，酸化会引起胶体组分和固体的溶解，则必须在过滤后再酸化保存。

必须要做保存剂空白试验，对结果加以校正。特别对微量元素的检测。

4. 有效保存期

水样的有效保存期的长短依赖于以下各因素：

（1）待测物的物理化学性质

稳定性好的成分，保存期就长，如钾、钠、钙、镁、硫酸盐、氯化物、氟化物等；不稳定的成分，水样保存期就短，甚至不能保存，需取样后立即分析或现场测定，如 pH、电导率、色度应在现场测定，BOD、COD、氨、硝酸盐、酚、氰应尽快分析。

(2) 待测物的浓度

一般来说，待测物的浓度高，保存时间长，否则保存时间短。大多数成分在 10^{-9} 级溶液中，通常是很不稳定的。

(3) 水样的化学组成

清洁水样保存期长些，而复杂的生活污水和工业废水保存时间就短。

5. 水样的运输

水样采集后，除现场测定项目外，应立即送回实验室。运输前，将容器的盖子盖紧，同一采样点的样品应装在同一包装箱内，如需分装在两个或几个箱子中时，则需在每个箱内放入相同的现场采样记录表。每个水样瓶需贴上标签，内容有采样点编号、采样日期和时间、测定项目、保存方法及何种保存剂。在运输途中如果水样超出了保质期，样品管理员应对水样进行检测；如果决定仍然进行分析，那么在出报告时，应明确标出采样和分析时间。

(五) 分析方法

随着我国环境保护事业的迅速发展，水质监测分析方法不断在完善，检测仪器逐渐向自动化更新。虽然目前新的检测分析方法不能全部替代旧的方法，但不常用的旧分析方法从少用可以逐渐过渡到不使用。

根据国家计量部门要求，环境监测实验室检测方法选择原则是首选国家标准分析方法，环境行业标准方法、地方规定方法或其他方法。这次列出的检测方法主要思路是：

(1) 选项以地表水环境质量监测项目（109 项）为准，基本涵盖了 109 项指标的现有水质环境监测分析方法；

(2) 分析方法选择来源：中国环境标准发布的水环境标准检测方法（最新）、国家生活饮用水标准检验方法、《水和废水监测分析方法》以及其他检测方法；

(3) 每个指标的检测分析方法尽量包括不同检测手段的方法，如经典化学分析法、仪器分析法和自动化仪器分析法；

(4) 按照选择方法的原则（国标、行标、地标）顺序，建议同一种分析方法尽量使用最新版本，不具备新方法条件的可以使用另外一种分析方法 (两种方法灵敏度一致) 的较新方法。

(六) 数据填报

1. 填报内容及格式

国家地表水环境监测数据传输系统中除水环境监测数据外，还包括测站名称、测站代码、河流名称、河流代码、断面名称、断面代码、控制属性、采样时间、水期代码。水环境监测数据包括有河流和湖库水体监测数据。具体如下：

河流：水温、流量、pH、电导率、溶解氧、高锰酸盐指数、五日生化需氧量、氨氮、石油类、挥发酚、汞、铅、化学需氧量、总氮、总磷、铜、锌、氟化物、硒、砷、镉、六价铬、氰化物、阴离子表面活性剂、硫化物、粪大肠菌群。

湖库：水温、水位、pH、电导率、透明度、溶解氧、高锰酸盐指数、五日生化需氧量、氨氮、石油类、总氮、总磷、叶绿素 a、挥发酚、汞、铅、化学需氧量、铜、锌、氟化物、硒、砷、镉、六价铬、氰化物、阴离子表面活性剂、硫化物、粪大肠菌群。

2. 数据的合法性

所有上报的监测数据必须是符合《地表水和污水监测技术规范》要求的数据，不符合要求的数据不得填表、不得上报、不得录入系统。

3. 数据的有效性

所有上报的监测数据必须是有效值。在依据《地表水和污水监测技术规范》测得的监测数据中，如果发现可疑数据，应结合现场进行分析，找出原因或进行数据检验，若被判为奇异值的应为无效数据。所有被判为无效值的数据不得填表、不得上报、不得录入系统。

4. 特殊数据

无值的代替符：当因河流断流未监测或某项目无监测数据时，需填报"-1"作为无值代替符。在数据统计时不参与数据计算。

5. 检出限的填写

当某项目未检出时，需填写检出限后加"L"。

检出限要低于《地表水环境质量标准》I 类标准限值的 1/4 倍。否则要更换方法，以满足该要求。对有的监测项目的监测方法目前无法满足要求时，可适当放宽，但禁止采用检出限就超标的监测分析方法。对无法满足要求的环境监测站应委托监测或由上一级环境监测站实施监测。

6. 计量单位

各监测项目的浓度计量单位一般采用 mg/L。特殊项目的计量单位，如流量: m^3/s; 电导率: mS/m; 水位: m; 水温: ℃; 透明度: cm; 粪大肠菌群: 个 /L。填写时需注意，水中汞和叶绿素 a 浓度的单位都是 mg/L，而不是 μg/L，填报时容易出错。

数据填报要在规定的时间内完成上报。通过系统上报的，其填报的数据都应进行进一步审核，防止出现错填、漏填和串行 (列) 填写等错误。

7. 可疑数据的处理

对审核可疑的监测数据必须通知地方监测站并进行确认。确信无误后的水质监测数据方可入库。入库后数据不能随意改动，地方站也不能多次上报监测数据入库。如果确认上报数据有误时，需按正常程序以文件形式说明数据的修改理由，并附原始监测数据材料，说明不是人为有意修改数据。无理由和无原始监测数据材料证明时任何人都不得修改已入库的监测数据。

8. 空白格的处理

所填写的监测数据表格不能出现空白格。不能因为某月或某个时间段未监测就不上报数据。未采样监测的断面或项目导致无监测数据的都要填写"-1"。

(七) 数据审核

对收集到的水质监测数据的审核是非常必要的步骤，但对数据的审核也是比较困难的。因为汇集到国家或省级环境监测站的数据库系统后水质监测数据量都比较大，也不可能对所有承担监测任务的监测站的整个水质监测过程都十分清楚。虽然如此，也可以通过监测断面、监测项目间的内在联系以及逻辑关系进行审核，找出有疑义的数据，最终通过地方站进一步审核。

对于汇总后的监测数据的审核，应从全局的观点进行审核，既要考虑不同样品间时间和空间的联系，也要考虑同一样品不同监测项目间的相互逻辑关系。

1. 数据的客观规律

环境监测数据是目标环境内在质量的外在表现，它有着自身的规律和稳定性。在审核时，技术人员根据对客观环境的认识和对历年环境监测资料的研究，在一定程度上掌握了客观环境变化的规律，可以利用这些规律对实际环境监测数据进行纵向比较，从而及时发现明显有异于常识的离群数据。比如一般情况下，背景（对照）断面的各指标的浓度应低于其下游控制断面的各指标的浓度（溶解氧则相反），各指标的浓度时空分布出现反常现象，溶解氧过饱和现象，pH超过 6 ~ 9 范围等。当出现上述异常情况时，就应该对数据进行深入分析，以确定数据是否符合实际，并进一步找到隐藏其后的深层次的原因。能够说明原因的可认为数据正常，如水体发生富营养化，出现水华时，溶解氧会异常升高，达到过饱和，此时 pH 超过 9。

叶绿素 a 一般不会超过 1 mg/L，当填报浓度大于 1 时可认定是计量单位搞错了，即填报数据与实际浓度值相差了 1000 倍。

2. 监测项目间的关联性

同一点位、同一次监测中不同项目的监测结果应与其相互间的关联性相吻合，了解这些关系有助于分析和判断数据的可靠性。如同一水样中的 CODCr 与 BOD5 及高锰酸盐指数之间的关系，CODCr > 高锰酸盐指数，CODCr > BOD5；三氮与溶解氧的关系，由于环境中的氮循环，一般溶解氧高的水体硝酸盐氮浓度高于氨氮，而亚硝酸盐氮与溶解氧无明显关系。只有从各个角度、全方位地对每个监测数据进行认真细致的对比审核，才能发现问题，保证监测数据的正确、可比、可靠。

三氮与溶解氧的关系。由于环境中的氮循环，一般溶解氧高的水体硝酸盐氮浓度高于氨氮，而亚硝酸盐氮与溶解氧无明显关系。

3. 利用各监测项目之间的逻辑关系

对同一个监测断面的各监测项目之间存在一定的逻辑关系。六价铬浓度不能大于总铬浓度；硝酸盐氮、亚硝酸盐氮和氨氮的各单项浓度不应大于总氮浓度，各单项浓度之和也不应大于总氮浓度；一般情况下，水中溶解氧值不应大于相应水温下的饱和溶解氧值等。充分利用这些关系，可以使数据审核达到事半功倍的效果。

4. 数据填写失误

通过国家地表水环境监测数据传输系统可以自动检查采样日期是否合法；数据监测值是否大于检出上限或者小于检出下限；如果是未检出，则判断最低检出限的一半是否超过三类标准值；数据项是否为合法；重金属及有毒有害物质是否超标20%以上等。通过这些手段可以尽量避免一些数据输入时的操作错误。

第二节　大气环境监测的实施

一、空气污染监测分类

（一）污染源的监测

针对烟囱、机动车排气口等进行监测，旨在确定这些污染源所排放的有害物质是否符合当前的排放标准要求；评估现有净化装置的性能；通过长期监测数据分析，为进一步修订和完善排放标准以及制定环境保护法规提供科学依据。

（二）环境污染监测

监测对象为整个空气，目的在于了解和掌握环境污染状况，进行空气污染质量评价，并提出警戒限度；研究有害物质在空气中的变化规律和二次污染物的形成条件；通过长期监测，为修订或制定国家卫生标准及其他环境保护法规提供资料，为预测预报创造条件。

（三）特定目的的监测

选定一种或多种污染物进行特定目的的监测，例如，研究燃煤火力发电厂排放的污染物对周围居民呼吸道的影响，首先应选定对上呼吸道有刺激作用的污染物如 SO_2、H_2SO_4、雾、飘尘等作为监测指标，然后选定一定数量的人群进行监测。由于监测目的是评估污染物对人体健康的影响，因此需要测定每人每日接触到的污染物量，以及污染物在一天或一段时间内的浓度变化，这是这种监测的特点。

二、空气污染监测方案的制订

制订空气污染监测方案的首要步骤是根据监测目的进行调查研究，收集必要的基础资料。随后，需要进行综合分析，确定监测项目，并设计布点网络。同时，选定采样频率、采样方法和监测技术，建立质量保证程序和措施，提出监测结果报告要求及进度计划。

(一) 监测目的

①通过对空气环境中主要污染物的定期或连续监测，评估空气质量是否符合国家制定的标准，为编写空气环境质量评价报告提供依据。

②提供研究空气质量变化规律和发展趋势的依据，开展空气污染的预测预报工作。

③为政府部门执行环境保护法规，进行环境质量管理和修订空气环境质量标准提供基础资料和依据。

(二) 基础资料的收集

1. 污染源分布及排放情况

详细调查污染源类型、数量、位置、排放的主要污染物种类和量，以及使用的原料、燃料和消耗量。需注意区分高烟囱排放的大型污染源和低烟囱排放的小型污染源，以及一次污染物和二次污染物。

2. 气象资料

收集监测区域的风向、风速、气温、气压、降水量、日照时间、相对湿度、温度的垂直梯度和逆温层底部高度等气象资料。了解当地常年主导风向，大致估计污染物扩散情况。

3. 地形资料

考虑地形对风向、风速和大气稳定情况的影响，是设置监测网点时的重要因素。

4. 土地利用和功能分区情况

不同功能区的空气污染状况和空气质量要求各不相同，因此在设置监测网点时需分别考虑。收集监测区域的土地利用情况和功能区划分资料。

5. 人口分布及人群健康情况

了解监测区域的人口分布、居民和动植物受空气污染影响情况，以及流行性疾病等资料，对制订监测方案和分析结果十分重要。

6. 监测区域以往的大气监测资料

利用已有的监测资料推断分析应设置监测点的数量和位置。

(三) 监测项目确定

空气中的污染物质多种多样，应根据优先监测的原则，选择那些危害大、涉及范围广、测定方法成熟，并有标准可比的项目进行监测。

1. 必测项目与选测项目

必测项目：SO_2、氮氧化物、TSP、硫酸盐化速率、灰尘、自然降尘量。

选测项目：CO、飘尘、光化学氧化剂、氟化物、铅、Hg、苯并 [a] 芘、总烃及非甲烷烃。

2. 连续采样实验室分析项目

必测项目：SO_2、氮氧化物、总悬浮颗粒物、硫酸盐化速率、灰尘、自然降尘量。

选测项目：CO、可吸入颗粒物（PM_{10}、$PM_{2.5}$）、光化学氧化剂、氟化物、铅、苯并 [a] 芘、总烃及非甲烷烃。

3. 空气环境自动监测系统监测项目

必测项目：SO_2、NO_2、总悬浮颗粒物或可吸入颗粒物（PM_{10}、$PM_{2.5}$）、CO。

选测项目：臭氧、总碳氢化合物。

(四) 监测网点的布设

1. 采样点布设原则和要求

（1）采样点应设在整个监测区域的高、中、低三种不同污染物浓度的地方。

（2）采样点应选择在有代表性的区域内，按工业和人口密集的程度以及城市、郊区和农村的状况，可酌情增加或减少采样点。

（3）采样点要选择在开阔地带，应在风向的上风口，采样口水平线与周围建筑物高度的夹角应不大于300°。测点周围无局部污染源，并应避开树木及吸附能力较强的建筑物。交通密集区的采样点应设在距人行道边缘至少1.5m 远处。

（4）各采样点的设置条件要尽可能一致或标准化，使获得的监测数据具有可比性。

（5）采样高度应根据监测目的而定。研究大气污染对人体的危害，采样口应在离地面 1.5～2m 处；研究大气污染对植物或器物的影响，采样点高度应与植物或器物的高度相近。连续采样例行监测采样高度为距地面 3～15m，以 5～10m 为宜；降尘的采样高度为距地面 5～15m，以 8～12m 为宜。TSP、降尘、硫酸盐化速率的采样口应与基础面有 1.5m 以上的相对高度，以减少扬尘的影响。

2. 采样点数目

在一个监测区内，采样点的数目设置是一个与精度要求和经济投资相关的效益函数，应根据监测范围大小、污染物的空间分布特征、人口分布密度、气象、地形、经济条件等因素综合考虑确定。

3. 采样点布设方法

（1）功能区布点法

功能区布点法多用于区域性常规监测。布点时先将监测地区按环境空气质量标准划分成若干"功能区"，如工业区、商业区、居民区、居住与中小工业混合区、市区背景区等，再按具体污染情况和人力、物力条件在各区域内设置一定数目的采样点。各功能区的采样点数不要求平均，一般在污染较集中的工业区和人口较密集的居民区多设采样点。

（2）网格布点法

对于多个污染源，且在污染源分布较均匀的情况下，通常采用网格布点法。此法是将监测区域地面划分成若干均匀网状方格，采样点设在两条直线的交点处或方格中心。网格大小视污染强度、人口分布及人力、物力条件等确定。若主导风向明显，下风向设点要多一些，一般约占采样点总数的60%。

（3）同心圆布点法

同心圆布点法主要用于多个污染源构成的污染群，且重大污染源较集中的地区。先找出污染源的中心，以此为圆心在地面上画若干个同心圆，再从圆心作若干条放射线，将放射线与圆周的交点作为采样点。圆周上的采样点数目不一定相等或均匀分布，常年主导风向的下风向应多设采样点。例如，同心圆半径分别取5km、10km、15km、20km，从里向外各圆周上分别设4、8、8、4个采样点。

（4）扇形布点法

扇形布点法适用于孤立的高架点源，且主导风向明显的地区。以点源为顶点，呈45°扇形展开，夹角可大些，但不能超过90°，采样点设在扇形平面内距点源不同距离的若干弧线上。每条弧线上设3或4个采样点，相邻两点与顶点的夹角一般取10°~20°。在上风向应设对照点。

（5）平行布点法

平行布点法适用于线性污染源，如公路等。在距离公路两侧约1m处设置监测网点，然后在距离公路约100m处设置与前面监测点对应的监测点，旨在了解污染物扩散后对环境的影响。在前后两个点进行对比采样时，需要注意污染物组分的变化。

在采用同心圆布点法和扇形布点法时，需考虑高架点源排放污染物的扩散特性。在不考虑污染物本底浓度的情况下，点源下方的污染物浓度为零，随着距离增加，很快达到浓度最大值，然后按指数规律下降。因此，同心圆或弧线划分时不宜等距离，而应密集布置在接近最大浓度值的地方，以避免漏测最大浓度位置。

以上几种采样布点方法可以单独使用，也可以综合使用，旨在反映污染物浓度具有代表性，为大气环境监测提供可靠样品。

（五）采样时间和采样频率

采样时间指的是从开始到结束所经历的时间段，也称为采样时段。而采样频率则表示在一定时间范围内进行采样的次数。

采样时间和频率的确定需要考虑监测目的、污染物分布特征以及可用人力物力等因素。短时间采样往往导致试样缺乏代表性，监测结果无法反映污染物浓度随时间的变化，因此仅适用于事故性污染或初步调查等应急监测情况。增加采样频率会相应增加采样时间，但可以积累足够多的数据，从而使样品具有较好的代表性。

　　最佳的采样和测定方式是利用自动采样仪器进行连续自动采样，再结合污染组分连续或间歇自动监测仪器。这样可以有效地反映污染物浓度的变化情况，并能获取任意一段时间（如一天、一个月或一个季度）的代表值（平均值）。不同的监测项目需要不同的采样频率和采样时间。

结束语

随着环境污染问题的不断加剧，生态环境保护已经成为全球关注的焦点。在保护生态环境的过程中，环境监测是非常重要的一环。未来需要优化环境监测布局，完善监测点的布置、范围和周期。同时，加强数据的分析，以更好地把握管理的方向和策略。总之，环境监测在生态环境保护中的作用不言而喻，未来发展也需不断创新、发展和完善，实现更加科学、精确的环境监测，为生态环境保护做出应有的贡献。

参考文献

[1] 宋海宏，苑立，秦鑫．城市生态与环境保护 [M].哈尔滨：东北林业大学出版社，2018.

[2] 王宪军，王亚波，徐永利．土木工程与环境保护 [M].北京：九州出版社，2018.

[3] 韩耀霞，何志刚，刘歆．环境保护与可持续发展 [M].北京：北京工业大学出版社，2018.

[4] 徐先玲，梁淇．自然环境保护很重要 [M].北京：中国商业出版社，2018.

[5] 慕宗昭，杨吉华，房用．林业工程项目环境保护管理实务 [M].中国环境出版社，2018.

[6] 张存兰，商书波．环境监测实验 [M].成都：西南交通大学出版社，2018.

[7] 隋鲁智，吴庆东，郝文．环境监测技术与实践应用研究 [M].北京：北京工业大学出版社，2018.

[8] 罗鸿翔．环境保护知识读本 [M].贵阳：贵州科技出版社，2019.

[9] 何国强，张哲媛，马新萍．环境保护基础 [M].文化发展出版社，2019.

[10] 王佳佳，李玉梅，刘素军．环境保护与水利建设 [M].长春：吉林科学技术出版社，2019.

[11] 龙凤，葛察忠，高树婷．环境保护市场机制研究 [M].中国环境出版集团，2019.

[12] 王平，徐功娣．海洋环境保护与资源开发 [M].北京：九州出版社，2019.

[13] 张艳，陈宁，毛卫旭．电气控制技术与环境保护研究 [M].文化发展出版社，2019.

[14] 王晓飞，伍毅，洪欣．环境监测野外安全工作指南 [M]．北京：中国环境出版社，2019．

[15] 张艳梅．污水治理与环境保护 [M]．昆明：云南科技出版社，2020．

[16] 崔桂台．中国环境保护法律制度 [M]．北京：中国民主法制出版社，2020．

[17] 李道进，郭瑛，刘长松．环境保护与污水处理技术研究 [M]．文化发展出版社，2020．

[18] 李秀红．生态环境监测系统 [M]．中国环境出版集团，2020．

[19] 曲磊，石琛．环境监测技术汉英对照 [M]．天津：天津科学技术出版社，2020．

[20] 王森，杨波．环境监测在线分析技术 [M]．重庆：重庆大学出版社，2020．

[21] 曾斌，周建伟，柴波．地质环境监测技术与设计 [M]．武汉：中国地质大学出版社，2020．

[22] 曾健华，潘圣．土壤环境监测采样实用技术问答 [M]．南宁：广西科学技术出版社，2020．

[23] 白义杰，潘昭，李丰庆．环境监测与水污染防治研究 [M]．北京：九州出版社，2020．

[24] 方学东．机场净空环境保护 [M]．北京：中国民航出版社，2021．

[25] 董彩霞，张涛．矿业环境保护概论 [M]．北京：冶金工业出版社，2021．

[26] 徐标，王程涛，张建江．环境保护与检测技术 [M]．长春：吉林科学技术出版社，2021．

[27] 徐静，张静萍，路远主编．环境保护与水环境治理 [M]．长春：吉林人民出版社，2021．

[28] 罗岳平，陈晓红．环境保护沉思录 [M]．湘潭：湘潭大学出版社，2021．

[29] 王海萍，彭娟莹．环境监测 [M]．北京：北京理工大学出版社，2021．

[30] 李龙才，冒学勇，陈琳．污染防治与环境监测 [M]．北京：北京工业

大学出版社，2021.

[31] 代玉欣，李明，郁寒梅 . 环境监测与水资源保护 [M]. 长春：吉林科学技术出版社，2021.

[32] 李向东 . 环境监测与生态环境保护 [M]. 北京：北京工业大学出版社，2022.

[33] 张丽颖 . 安全生产与环境保护：第 2 版 [M]. 北京：冶金工业出版社，2022.

[34] 郝润龙，齐萌，袁博 . 环境保护与绿色化学 [M]. 北京：冶金工业出版社，2023.